大学信息技术项目化教学探索与实践

杨 姝 著

U0320218

北京工业大学出版社

图书在版编目（CIP）数据

大学信息技术项目化教学探索与实践 / 杨姝著 . ——
北京 ： 北京工业大学出版社，2021.4
ISBN 978-7-5639-7953-0

Ⅰ．①大… Ⅱ．①杨… Ⅲ．①电子计算机－教学研究
－高等学校 Ⅳ．① TP3-42

中国版本图书馆 CIP 数据核字（2021）第 081856 号

大学信息技术项目化教学探索与实践

DAXUE XINXI JISHU XIANGMUHUA JIAOXUE TANSUO YU SHIJIAN

著　　者：杨　姝
责任编辑：李俊焕
封面设计：安　吉
出版发行：北京工业大学出版社
　　　　　（北京市朝阳区平乐园 100 号　邮编：100124）
　　　　　010-67391722（传真）　bgdcbs@sina.com
经销单位：全国各地新华书店
承印单位：天津和萱印刷有限公司
开　　本：710 毫米 ×1000 毫米　1/16
印　　张：14.5
字　　数：290 千字
版　　次：2022 年 1 月第 1 版
印　　次：2022 年 1 月第 1 次印刷
标准书号：ISBN 978-7-5639-7953-0
定　　价：90.00 元

版权所有　翻印必究

（如发现印装质量问题，请寄本社发行部调换 010-67391106）

作 者 简 介

　　杨姝，女，1983 年 4 月生，贵阳护理职业学院副教授。2006 年毕业于贵州师范大学计算机科学与技术专业，2013 年取得西安电子科技大学工程硕士学位。在教学工作中主要讲授"计算机应用基础""大学信息技术""健康大数据""医用信息系统"等课程。

前　言

　　项目教学法，具体是指将课堂教学内容整合分解成不同的项目并指导学生以合作形式共同完成项目，其教学核心是项目，主要包括项目设计、项目实施以及项目评价等阶段。随着社会的发展，计算机行业更新的速度越来越快，在大学信息技术课程中采用项目教学法，可以增加整个教学过程的趣味性，提高学生对信息技术的学习兴趣，并培养学生自主学习的能力和团队合作精神，提升学生的综合素质和职业素养，从而使学生成为社会需要的复合型高技能人才。

　　基于上述情况，本书首先概述了项目化教学的相关情况，论述了项目化教学的构成要素，研究了项目化教学的评价设计；其次，本书概述了信息技术的相关情况，对项目学习在信息技术课程的应用做了前期分析，并介绍了项目学习在信息技术课程中的应用；最后，本书以计算机系统基础知识、Word 2019文档编辑、Excel 2019电子表格制作、PowerPoint 2019演示文稿制作、多媒体技术应用五个项目为例对大学信息技术项目化教学实践进行了介绍。

　　笔者在写作过程中思考了许多从前未涉及过的问题，学习了许多新理论、新思想、新知识，自身传统认知与这些新鲜事物的碰撞是激烈的，可以说本书的写作历程对笔者来说也是一次成长和改变。由于认识往往会滞后于社会发展的水平，所以本书只能边撰写边修正，以跟上时代的发展步伐。在撰写过程中，笔者虽力求完美，但难免存在不足之处，望各位读者朋友批评指正。

目　录

理论篇

实践篇

理论篇

第一章　项目化教学概述

第一节　项目

一、项目的定义

在现代生活中，"项目"一词被广泛应用到社会经济和文化生活的各个领域，"项目"的概念也是随着社会的发展而不断丰富和深化的。项目具有广泛的定义。许多专家和组织都曾对项目进行抽象性的概括或描述。

美国专家约翰·宾指出：项目是指在一定时间里，在预算规定范围内达到预定质量水平的一项一次性任务。

美国项目管理学会（PMI）在其项目管理知识体系（PMBOK）中对项目的定义：项目是为创造某种独特产品、服务或成果而做的临时性努力。

德国国家标准 DIN 69901 对项目的定义：项目是指具有预定目标，具有时间、财务、人力和其他限制条件，具有专门组织，具有唯一性的任务或计划。

总之，作为一项有目标、期限、预算、资源消耗、约束以及特定组织的临时性独特任务，项目的定义包含三层含义：第一，项目是一项有待完成的任务；第二，在一定的组织机构内，利用有限资源（人力、财力、物力等）在规定的时间内完成任务；第三，任务要满足一定性能、质量、数量、技术指标等要求。也就是说项目是一项要满足时间、费用和性能三重约束的事务，它是多项相关工作的总称。

项目具有独特性、一次性、多目标性、生命周期性、相互依赖性以及冲突性六种特殊属性。项目有明确的开始和结束时间，有明确的目标，需要消耗一定的人力、财力、物力资源，具有一次性的特点。每个项目都是独一无二的，世界上没有两个完全相同的项目。

二、项目的广义性

在现代社会生活中，符合上述定义的项目普遍存在，常见的项目如下：

①各类建设工程项目，如道路建设、桥梁建设、住宅区建设、绿化工程等。

②各类社会项目，如人口普查、社会调查、希望工程、扶贫工程等。

③各类投资项目，如政府以及企业的各种投资和合资项目等。

④各类军事、国防项目，如"两弹一星"工程、新型武器研制项目、航空母舰制造项目等。

⑤各种科研项目，如新能源开发、高科技"863"项目等。

项目已经成为社会经济和文化生活中不可或缺的部分，推动着社会的发展和人类的进步，随着社会的发展，项目还会越来越多。

第二节　项目化教学

传统的教学方式过分重视理论知识的传授，根据教材进行教学组织，不重视对学生职业技能与综合素质的培养，使学生学到的知识片面且孤立，难以适应具体工作的岗位需求。因此，必须对目前高职教育的课程体系和教学内容进行改革。在课程教学改革的众多方式中，将实际项目与教学内容相结合的项目化教学法，可以增强学生的学习兴趣、学习能力以及职业能力，提高教师的教学水平与教学效果，是一种受到广泛好评的、非常有效的教学改革模式。

一、项目化教学的起源

项目教学法源于 18 世纪欧洲的工读教育和 19 世纪美国的合作教育，经过漫长时间的发展，到 20 世纪中后期其逐渐趋于完善，并成为一种重要的理论指导思想。项目化教学的正式提出最早见于美国教育家丽莲·凯兹和加拿大教育家西尔维亚·查德合著的《项目教学法》一书，后陆续由很多国家引进并学习该教学法。除了欧美地区以外，日本、韩国等亚洲国家也开始学习该教学法。其中，在德国的职业教育中最为盛行。德国实施的"双元制"，简单来说，就是企业与非全日制学校的一种合作机制。这里的双元，一个是企业，一个是学校。在学校中学生能够学到基础的知识，为学生提供了理论保障，而在企业中，学生有更多的实践机会，能够理论联系实际，真正实现学以致用，学有所用。德国的项目化教学是在其"双元制"职业教育模式基础上产生的新型教学法，具体是指师生通过共同实施一个个完整的项目工作而进行的教学活动。其指导思想是将一个相对独立的项目任务交给学生完成，让学生在实施项目的过程中把握每一个环节的基本要求和重难点旳，从而实现教学的目标。

二、项目化教学的概念

项目化教学是近年来，我国教育界特别是职业教育中积极提倡的教育理念和教学模式。项目化教学虽然已经推广开来，但到目前还未形成一个被国内外普遍认可的统一概念。目前，对项目化教学的研究有很多，以下是现阶段项目化教学的各类定义中比较具有典型性、科学性、学术严谨性的几个说法。

①我国教育学者黎加厚教授认为，项目教学是以学科原理为中心，通过学生参与活动项目的调查和研究来解决问题，以建构起他们自己的知识体系，并能运用到现实社会当中去。

②教育专家弗雷德·海因里希教授在"德国及欧美国家素质教育报告演示会"上，曾以一个实例介绍项目教学法。"给你 55 分钟，你能造一座桥吗？"由教师和学生在现实中选择"造一座桥"的项目，学生分组对项目进行讨论，写出各自的项目计划书，然后正式实施项目，即利用模型拼装桥梁。之后分组演示项目结果，并由学生阐述构造的机理，最后由教师对学生的作品进行评估。通过以上这些步骤，充分挖掘学生的创造潜能，促使学生亲自动手实践，并提高团队合作和自我推销的能力，这就是项目教学法。

③德国联邦职教所在 2003 年 7 月制定了以行动为导向的项目化教学法。作为一种"行为导向"教学法，项目化教学是由教师和学生共同参与一个项目的全过程，在教师的严密组织下，学生全程参与项目的设计、执行及管理等环节，教学活动随项目而展开。这一过程就是教师和学生共同参加的创造、实践过程，学生在项目完成时要提交一件比较完整的作品。

④以高职教育为背景，项目化教学的理念是以职业生涯发展为目标，以工作项目为参照点设置整个课程体系，以项目课程为主体；按照从实践到理论的基本顺序编排课程；按照工作逻辑，以任务为参照点设计每门课程的学习项目；以工作任务为中心组织课程内容；以典型案例为载体设计教学活动。

综上所述，项目化教学作为"行为导向"的一种，是在遵循构建主义的条件下，依托一门课程，通过师生共同实施若干个项目，从而培养学生的学习、动手实践、创新及团队合作等能力，提高教学效果并完成预期的教学目标的教学过程。在这个过程中，首先要确定与现实紧密衔接的典型的项目主题。主题可以是教师自己设计的，也可以是学生和教师共同设计的。由学生组成小组，在教师的引导下，小组根据自身情况选择合适的方法并进行任务分工，然后针对任务进行自主的、有针对性的学习和讨论，制订任务实施方案。之后，师生进行任务的具体实施，完成整个项目。最后由小组对各自工作进行汇报，教师和学生根据项目实施过程和最终成果共同对各组进行评价。

通过这样一个教师和学生共同实施项目的教学活动，逐步实现教学目标。与传统的学生被动教学模式相比，学生全程参与整个任务的完成过程，其综合技能得到提高，真正融"理论知识、实践操作、素质培养"于一体。这是当前大学课程改革的基本取向。

三、项目化教学的理论基础

项目化教学理论是从传统和现代众多的教育教学理论中综合发展而来的。影响项目化教学理论发展的重大教学理论主要有建构主义教学理论、多元智能理论、行动导向教学理论、实用主义教学理论、认知主义教学理论、教学最优化理论和情境学习理论等。

（一）建构主义教学理论

建构主义是一种学习的哲学，是我国教育教学研究的一个重要的理论基础。建构主义认为，主体只能通过利用内部建构的基本认识原则去组织经验，从而发展知识，即知识不是通过教师传授得到的，而是学习者在一定的情境即社会文化背景下，借助包括教师和学习伙伴等人的帮助，利用必要的学习资料，通过意义建构的方式获得的。学习不是教师把知识简单地传递给学生，而是由学生建构自己知识的过程。学生不是被动的信息吸收者，而是根据自己的经验背景，在一定的情境即社会文化背景下，借助教师或学习伙伴的引导和帮助，利用必要的学习资源和方法进行研究，对外部信息进行主动的选择、加工和处理，从而主动地建构，这种建构不可由其他人代替。因此，建构主义教学理论指导下的学习和知识获取的主体是学生，学生的学习过程是意义的主动建构过程，而教师是学生意义建构的组织者、引导者、帮助者和促进者。外部信息本身没有什么意义，意义是学生通过新旧知识经验间反复的、双向的相互作用过程而建构成的。学习意义的获得，是每个学生在自己原有知识经验的基础上，对新信息重新获取、认识和编排，建构自己的理解。

建构主义教学理论主张教学应以学生为中心，认为"情境、协作、会话、资源"是建构主义学习环境的基本要素，这些要素充分发挥学生的主动性、积极性和首创精神，最终达到使学生有效地实现对当前所学知识的意义建构的目的。

建构主义教学理论认为学生的学习应该有情境的脉络，也应该与生活有关联，其解决的问题应该是真实存在的问题。建构主义教学理论还认为教学应从问题开始，而不是从结论开始。学生应该在解决问题的过程中进行学习，做到学中做与做中学，而不只是对知识的套用。建构主义要求学生面对复杂真实的社会环境即"情境"，并在复杂的真实情境中进行学习和完成任务。这就要求学生主动去搜集和分析相关的信息资料，对要解决的问题提出各种假设并努力加以验证，要求学生善于把当前学习的内容尽量与自己已有的知识经验联系起来，并认真地对这种联系加以思考，进而达到融会贯通、全面掌握的目的。学生与周围环境的交互作用，即学生对知识的联系和思考是意义建构的关键，因此，学生对于学习内容的理解至关重要。

另外，学生之间的相互协作非常有利于学生对所学知识的意义建构。学生在教师的组织和引导下组建学习共同体，共同针对问题进行探索，在探索的过程中相互交流和质疑，了解彼此的想法，获得多方的信息，及时做出调整。在这样的学习环境中，学习共同体可以让所有成员共享宝贵的学习资源，整个学习群体共同完成对所学知识的意义建构。这就要求学习环境可以让学生在其中自由探索和自主学习，是一个支持学生自主学习和协作式探索的场所。在整个教学过程中，学生是教学活动的积极参与者和知识的积极建构者，教师是学生学习的引导者、高级伙伴和合作者。

在项目化教学过程中，教师的教学重点是设置一个建构主义的情境，即将各种软件、硬件资源进行整合，从而建构出学习的环境，引导学生借助于情境中的各种资料去发现问题、解决问题，通过师生之间、学生之间的相互协作，进行交流互动，最后完成项目，完成教学任务。因此，建构主义教学理论为项目化教学提供了直接的理论依据。项目化教学在设计项目任务时，同样强调项目的实际应用价值。项目化教学就是要为学生创设或模拟一种真实的工作情境，以小组合作的形式开展学习活动，借此真正提高学生的学习能力、技术水平和职业能力，培养学生的合作意识。

项目化教学，本质上就是一种基于建构主义理论的探究性教学模式。同时，项目化教学又是一种立足于现实生活、解决实际问题的教学模式。学生通过不断地解决各种问题，从而完成对知识的意义建构。建构主义带给我们的启示是，项目化教学过程中教师的作用是引导，学生是主体，教学资源要丰富多样，活动项目要具有针对性和可操作性，项目要实现任务化、多样化、可量化。借鉴建构主义学习理论，教师在导入教学时应该激发学生的学习兴趣，保持学生的学习积极性。在教学过程中，学生只有对项目主题感兴趣才会主动探索，然后以已有经验来建构自己的知识体系。合作学习在项目化教学活动中也很重要，它能为学生主动建构知识意义起到促进作用。因此，项目化教学采取以学生为中心的小组合作模式，教师指导小组进行探究活动，设法引导学生自行发现问题和解决问题，让学生在活动探究中建构自己的知识体系。

（二）多元智能理论

20 世纪 80 年代，美国哈佛大学加德纳在前人的基础上提出了多元智能理论。该理论认为智力不是可以用检测来衡量的，也不是只有少数人拥有的，而是每个人都不同程度地拥有并表现在生活各个方面的能力。这表明每个人都普遍拥有各种智力，只是智力水平高低有差异而已。

智力的发展与实际生活情境是分不开的。加德纳将人的智力分为语言智力、音乐智力、数理逻辑智力、空间智力、身体智力、人际交往智力、自我认知智力和自然观察者智力八种，强调人的各种智力是多元化、相互独立存在的。因此，人的智力是全面性的、多样化的，学习过程中应注重个体的实践和创新能力，注意评价方式的多样化。

多元智能理论带给我们教育教学的启示是，教育的目的是发展学生的各种智力，而不是知识的简单传授。单从某一方面很难正确评价出学生的实际能力，因此，系统评价要尽量全方位、多样化。项目化教学促进学生智力的全方位发展，围绕项目来开展教学，可以促进学生多种智力的发展。在项目学习过程中，学生充分发挥自己的长处，根据自身兴趣选择学习项目，以适合自己的学习方式开展活动。在项目实施过程中，学生应利用多种途径收集信息资源，通过小组探究活动、相互学习来促进各种智力的发展，提高实践能力和创新能力。可见，项目化教学是对多元智能理论的充分应用，加德纳也大力主张把项目化教学作为创设学习环境的方法来发展学生的多元智力。另外，在进行项目评价时，评价体系要做到多样化，客观合理地对学生的各项能力进行综合评价，否则，单一方面的、不科学的评价有可能会打击学生的学习热情。因此，要把教学评价放在项目的每一个环节上，并且透明、公开，做到公平、公正。

（三）行动导向教学理论

行动导向教学是从德国双元制职业教育体系中产生的一种教学理论，它在德国职业教育中得到了广泛的应用，并取得了良好的效果。行动导向教学理论特别强调"行动"的本质，它是根据完成某一职业工作活动所需要的行动和行动产生与维持所需要的环境条件以及从业者的内在调节机制来设计、实施和评价职业教育的教学活动。

行为导向教学的教学原则可概括为以下几方面：鼓励学生提出问题并尽可能地解决问题，允许提出多种建议；促进学生独立思考与操作；鼓励学生合作，且又能独自地进行工作；在评价者依据一定标准对学生进行评价时，允许学生自己检查学习成果，控制工作过程；对学生鼓励和赞扬，而不是指责和挑剔。

在行动导向教学中，知识不再是单学科的孤立内容，而是多学科的综合，教学目标在于促进学习者职业能力的发展，其教学设计的核心思想在于统一工作过程和学习过程，在行动中学习。教学过程注重学生关键能力、综合职业能力和全面素质的培养。德国教育中的关键能力，即素质教育，包括个人能力、社会能力、方法能力和专业能力等，注重各种能力的综合全面发展。

由上可见，行动导向教学的最大特点是以学生为中心，以职业能力发展为目标，教师通过多种形式的活动导向，激发学生的学习兴趣，使学生积极主动探索学习，通过实际的工作活动来促使学生行为的积极改变，从而塑造学生的多维人格。

行为导向教学理论在教学实践中形成了多种模式，有项目教学、案例分析、角色扮演、模拟教学等。各种教学模式往往并不是独立的，在教学中如果能够综合运用，则会获得良好的教学效果。行为导向教学理论作为项目化教学的理论基础，以专业或职业特有的知识能力及跨专业的关键能力为教学目标，以多种形式的活动导向激发学生主动探索，有助于培养学生的专业能力、方法能力、事务能力及社会能力，使学生得到真实意义上的职业熏陶与锤炼，这显然是学校教室里的职业教育与培训所不能及的。

（四）实用主义教学理论

实用主义教学理论是 20 世纪初美国兴起的一股教育思潮，代表人物有美国哲学家、教育学家杜威和克伯屈等人。

实用主义教学理论在教学组织形式上反对传统的课堂教学，认为班级授课制是消极地对待学生，机械地使学习者集合在一起，课程和教学方法单一，不适合学生的个性发展，也不利于学生的能力培养。该理论主张以亲身经验代替书本知识，提出"能动的活动""教育即生活""学校即社会"的教育理念，提倡一步步地解决真实问题，让学生自己去观察、经历，最后发现的学习过程。

针对以课堂为中心、以教科书为中心、以教师为中心的传统教育，实用主义教育理论的主要观点包括以下三个方面。其一，以经验为中心。实用主义理论认为知识不是从书本上或者从他人处得来的，而是来自经验，教育就是传递经验的方式。这里的经验往往是一些个人的实际生活经验。因此，为了实现教育的目的，不论对学习者个人来说，还是对社会来说，教育都必须以经验为基础。其二，以学习者为中心。实用主义反对传统教育忽视学习者的兴趣和需要的做法，主张教育应以学习者为起点。其三，以活动为中心。实用主义认为教育是一种社会过程，学校应该是社会生活的一种形式。

书本不能给学习者提供主动学习的机会，仅仅是提供了被动学习的条件，应该在"做中学"。其主要包括五个要素：设置疑难情境，使学习者对学习活动有兴趣；确定疑难在什么地方，让学习者进行思考；提出解决问题的种种假设；推动每个步骤所含的结果；进行试验、证实、驳斥或反证假设，通过实际应用，检验方法是否有效。这五个要素的实质是从实践中培养学习者的能力。

项目教学以真实的或模拟的工作项目（任务）为基点，让学生利用各种校内外的资源及自身的经验，采取"做中学"的方式，通过完成工作任务来获得知识与技能。在强调现实、强调活动方面，项目教学与杜威的实用主义教育理论是一致的。实用主义教学理论带给我们的启示是项目要真实化，活动要具体化，要求学生亲历，知识不必面面俱到、追根究底，但要坚持实用、够用原则。

（五）认知主义教学理论

知识来源于行动，认识发生于主客体之间的相互作用，人们从而提出"活动教学法"。认知主义教学理论认为学生是知识的探究者，知识是学习者主动发现的过程，教学就是辅助人成长的过程，应该以学习者为中心。所以，教学不是要求每一个学生都能优秀，而是要帮助他们达到学习目的，取得成长进步。教师所做的是为学生提供学习资源，进行方法引导，让学生自主地探究知识，从而实现自我的成长。其代表理论是布鲁纳主张的发现法，即教师不必提供现成的知识，而是应鼓励学生主动发现。

认知主义教学理论带给我们的启示有两方面：一方面，在项目化教学中，必须给学生提供必要的帮助，也就是丰富的学习资源、良好的项目方法，设计对学生求知的激励因素，让学生在做项目的过程中，主动地发现知识；另一方面，应该实现评价方式的转变，即评价不是学生与学生之间的比较，而是进行自我的比较。例如，一个学生在学习中不断地进步，一次比一次做得好，即使项目完成得不够理想，教师在评价时也应该给予鼓励。因此，进行教学评价时，要重视平时表现，重在形成性评价，而非总结性评价。

（六）教学最优化理论

教学最优化理论是苏联著名的教育家、社会活动家巴班斯基提出的。教学最优化有两项标准，分别是效果和时间。具体说来，就是教学原则和教学方法等都不是一成不变的，而是应该根据特定的时间、特定的内容，选择最有效的方式去做。教学最优化理论可以从以下三个方面进行分析：一是教师应因地制宜，因势利导，根据实际情况选择最好的教学方案；二是应该全面考虑教育教学的方方面面，具体包括学生情况、教学条件、教学原则、教学规律、教学方法与教学形式，在一定的时间里，取得最大、最优的效果；三是让教师和学生用最少的时间、最小的代价，取得最大的教学成果。

（七）情境学习理论

情境学习理论分为心理学传统的情境学习理论和人类学传统的情境学习理论两个流派。

心理学传统的情境学习理论认为，知识不是抽象的，不是被客观定义或主观创造的，而是情境化的，是在个体与情景相互作用的过程中被建构的。而基于这种知识观，学习在本质上是情境性的，是不能跨越情境边界的。情境决定了学习内容与性质，参与实践是建构知识与理解的关键。项目化教学的载体主要是来自工作世界的实践任务，学生是在完成实践任务的过程中获得职业能力的发展。因此，该理论和项目化教学理论有共同之处，可作为项目化教学的理论基础。

人类学传统的情境学习理论认为，学习是情境性活动，是整体的不可分的社会实践，是现实世界创造性社会实践活动中完整的一部分，学习是实践共同体中合法的边缘性参与。该理论的代表人物莱夫在对手工业学徒的实地调研中，发现了在学习过程中默会知识（一种经常使用却又不能通过语言、文字、符号予以清晰表达或直接传递的知识，即只可意会不可言传的知识）对新手的重要性，提出了情境学习的观点。

按照莱夫和人类学家温格尔的界定，实践共同体意味着参与一种活动体系，参与者共同分享对他们所做的事情的理解，以及这对于他们的生活和共同体意味着什么。之后，温格尔在其著作《实践共同体：学习、意义和身份》中进一步提出：实践共同体包括了一系列个体共享的、相互明确的实践与信念以及对长时间追求共同利益的理解，实践共同体形成的关键是要与社会联系，即要通过共同体的参与在社会中给学习者一个合法的角色（活动中具有真实意义的身份）或真实任务。合法的边缘性参与是一个整体概念，边缘性意味着多元化、多样性，或多或少地参与其中，以及在实践共同体中，参与的过程中所包括的一些方法。

莱夫提出"合法的边缘性参与"的目的是试图以一种新的视野来审视学习。学习者不可避免地参与到实践共同体中去，学习者沿着旁观者、参与者到成熟实践的示范者的轨迹前进，即从合法的边缘性参与者逐步到共同体中的核心成员，从新手逐步到专家。

人类学家认为，合法的边缘性参与本身不是一种教育形式，而是理解学习的方式，或者说，合法的边缘性参与就是学习。它强调在实践共同体中，通过合法的边缘性参与获得相应的知识、技能和态度。

项目化教学就是让学生在真实的或模拟的工作世界中通过多元方式参与工作过程，完成典型的工作任务，并在完成任务的过程中，在与师傅、同伴的相互作用的过程中，逐步从新手成长为专家，这与人类学传统的情境学习理论是一致的。

四、项目化教学的目的和意义

项目化教学是我国高等教育的一种重要形式，不仅能让学生掌握必需的理论知识，更重要的是能够培养学生的职业技能、职业意识、团队合作能力以及综合能力，为学生的就业和职业生涯规划及发展打下良好的基础。

在实施项目化教学的过程中，需要从课程原有的教学内容中梳理出必须掌握的知识点和技能点，根据这些知识点和技能点构建出若干项目和任务，将知识、技能与实际项目及案例相结合，把教、学、做融为一体，培养学生综合素质，其目的和意义归纳如下。

（一）项目化教学的目的

目前用人单位录用毕业生，非常在乎学生能不能马上胜任工作。很多用人单位喜欢录用工作经验丰富的人才，以便能够直接上岗，降低培养的成本。

对学生而言，项目化教学的目的在于培养学生的自学能力、动手操作能力、创新能力、研究分析问题的能力、团队合作能力、交际沟通等多方面的能力，培养发展型、复合型和创新型的技术技能人才。通过项目化学习的完成，锻炼和提高各方面的能力，开拓知识面，从而提高学生的就业竞争能力和就业自信心，更好地为学生学习和就业服务。

对学校而言，项目化教学的目的有以下几方面：其一，通过课程项目化教学的改革和对学生职业综合素质的培养，提高学生的培养质量和就业质量。其二，通过项目化教学增强教师工作责任感，提高教师运用理论解决实际问题的能力，丰富教学内容和方法，提高教师综合素质，从而培养和锻炼一批理论扎实、技术过硬的师资队伍。其三，通过学生和教师的培养，加强学校的内涵建设，从而提高学校的知名度，提升学校的社会形象，打造学校品牌，开拓学校的就业渠道，扩大学校的社会影响力。

对社会而言，项目化教学的目的在于培养出企业需要的、适应社会的技术技能人才，做到毕业生从学校到企业的无缝对接，节约社会资源，更好地为企业、为社会的发展服务。

（二）项目化教学的意义

1. 有利于调动学生学习的积极性

高校的学生，学习目的不明确、学习兴趣不浓是一直存在并影响学生发展的问题。项目化教学通过让学生动手动脑地实施一个个具体的项目或工作任务，变被动学习为主动学习，极大地调动了学生学习的积极性。在项目化教学过程中，学生作为项目实施的主体，有充分的时间与空间去自主学习、相互讨论、独立工作以及相互合作，学生的学习目的很明确。并且，在项目实施过程中或项目结束，学生往往会做出一定的项目成果，这也会让学生感受到成功的喜悦，增强学生学习的成就感。不同的小组之间也可以开展竞赛，看哪些组完成得又好又快，从而增强学习的趣味性，这些都会强化学生学习的积极性。

2. 有利于培养学生的综合职业能力

项目化教学将专业知识和项目有机结合起来，构建一个现实的或者模拟现实的工作情境，并经常将学生分成若干小组。项目实施的过程常分为布置任务、小组自学和讨论、制订实施方案、项目实施、小组汇报、师生评价等步骤。学生在完成项目任务的过程中发现问题，进而通过学习、研讨去分析问题、解决问题，这个过程要求学生要主动思考，并动手进行操作，促进了学生实际动手及职业能力的培养和提高。并且，在项目任务完成的同时，无形中也培养了学生积极进取、获取信息、分析信息、吃苦耐劳、锲而不舍等精神和工作的责任感。

项目化教学提供了一个培养学生综合职业能力的平台，实现了职业教育与企业需求的无缝对接，是培养发展型、复合型和创新型的技术技能人才的良好途径。

3. 有利于培养学生的团队意识和合作能力

项目化教学的实施常常分组进行，小组内及小组间经常开展交流、讨论、决策等，并在一起进行项目实施的合作。这可以锻炼学生的沟通能力，强化学生的团队意识，提高学生与人合作的能力，而团队意识与合作能力正是目前社会化大生产背景下，企事业单位对毕业生的一个重要的素质要求。

4. 有利于年轻教师的成长

目前，社会对高职毕业生的期望值不断提高，这就要求高职专业教师既要熟悉教学，又要具备实践指导能力，且懂得企业生产和管理。而高校里的年轻教师大多数是毕业后直接从学校进入学校，从学生变身为教师，虽然学历和理论知识水平较高、科研能力较强，但往往存在重理论、轻实践，缺乏一线工作的实践经验，难以适应实践教学的问题。

项目化教学将实际工作项目或案例等引入课堂，对教师的教学、实践操作指导、课堂组织等多方面能力提出了更高的要求。这会促使课程教师必须认真备课，并迫使年轻教师快速熟悉专业一线工作的内容、技能、工作中可能会出现的问题以及各种问题的解决办法等。这个过程也是年轻教师成长的过程。

为了更好地开展项目化教学，一些院校往往会从企业聘请工作在一线的工程师、专家等作为兼职教师帮助辅助指导教学。这些兼职教师具备丰富的一线工作经验，动手操作能力很强，在项目化的教学中能够发挥积极作用。

第三节 项目化教学的特点及对教师的要求

传统的教学模式主要有两种，即以教为主和以学为主。以教为主的教学模式从 17 世纪 30 年代夸美纽斯发表《大教学论》开始已经发展了几百年，其中所提出的班级授课制一直沿用至今，它以教师为中心，学生学习比较被动。以学为主的教学模式是随着多媒体和网络教学的广泛应用逐渐发展起来的，它以学生为中心，有利于学生的主动学习与探索，但过于强调学生的自学，教师的指导作用往往被忽略，使得学生在学习时容易出现学习方向把握不好、学习目标偏离等情况。而项目化教学采取"学生为主体，教师为主导""学教并重"的教学模式，与传统教学模式相比，具有其独特的特点。

一、项目化教学的特点

（一）教学环境开放化

传统的教学模式往往在固定的教室或实验室进行，有固定的上课时间，下课后大多数学生不会再去学习，仅有少部分学生愿意课后继续学习专业知识，学生的学习缺乏动力。并且，上课时以教师讲授为主，教师也不能充分地了解到各个学生的学习水平。

项目化教学模式打破了传统的教学环境，为学生提供更为丰富的教学资源与教学环境，教学场所可以深入生产车间和工作现场等。教师可以通过提前下达任务等多种方式引导学生利用课外时间搜集资料、主动探索、主动学习，为课内教学时项目及任务的完成打下基础，更好地进行项目的实施。这个过程保证了学习的连贯性，培养了学生搜集资料、主动探索、解决问题的能力，也合理地利用了学生的课外时间，丰富了学生的课外活动。

（二）教学内容任务化、趣味化、综合化

传统的教学内容往往理论性较强，学生学习起来较为困难和枯燥，不利于学生对知识的掌握。要改变这种状况，应强化以下几点：

1.教学内容任务化

在项目化教学中，教师会对典型的职业工作任务进行开发，根据教学需要，将课程内容进行梳理，构建或设计出若干项目或任务，以职业工作任务为依托建立学习内容，教学内容围绕项目以及任务开展，每一项必须掌握的教学内容都有具体的任务来支撑，学生在完成工作任务的过程中即掌握了教学内容。项目化教学内容以工作项目为核心，彻底改变了传统的教学方式，消除了传统学科教学所造成的诸多弊端。这样的教学模式，有效地解决了传统教学中理论与实践相脱离、教学远离工作实际的问题，理论教学内容与实践教学内容通过项目或工作任务能够紧密地结合起来。通过典型职业任务的形式来进行教学，学生可以大概地了解到自己职业的意义及自己所学职业的主要工作内容是什么，同时还可以了解到自己所从事的工作在整个工作过程中所起的作用，并能够在一个整体性的工作情景中认识到，他们自己能够胜任有价值的工作，进而使自己的职业目标更为明确。

2.教学内容趣味化

项目化教学的过程，常在真正的工作环境，或者尽可能地模拟真实的工作环境，设计真实的任务以及可能出现的问题，引导学生利用已有知识和经验去发现问题、解决问题、完成任务。这个过程容易调动学生学习的兴趣，提升其成就感，相比传统教学模式，项目化教学将教学内容趣味化了。

3.教学内容综合化

项目化教学过程所涉及的教学内容一般是综合性知识，既与企业或职业的

日常事务有关，又和具体的工作过程相联系，融合了理论知识、职业技能、职业素质等。甚至项目化教学所涉及的内容还可能整合了一系列相关学科的基本知识、研究方法以及当前社会的综合问题，学生需要综合运用多种学科知识和多种信息来源（如书籍、网络资料等）来理解和分析所遇到的问题。这些体现了项目化教学内容的综合化。

（三）教学活动情境化、实践化

1. 教学活动情境化

项目化教学的目标是培养学生的职业综合能力与素质，它的形成不仅仅是靠教师的教，而主要是在职业实践中形成的，这就需要为学生创设真实的职业情境，通过以工作任务为依托的项目化教学使学生置身于真实的或模拟的工作世界中。

学习情境是以职业工作任务和行动过程为背景，按照学习领域中的学习目标表述学习内容，对学习领域的教学进行教学论和方法论转换后所形成的学习领域框架内的小型主题学习单元，它既包含教学的场所，如教室、实验室、校内外实训基地等，也包含在这样的教学环境中所展开的教学活动。学习情境是支持学生进行探究学习的环境，这种环境可以是真实的工作环境，也可以是借助信息技术条件所形成的工作环境的再现。

在项目化教学中，学习情境有以下两方面优点。其一，情境能够促进学生之间的合作。在项目教学中，根据项目主题，学生从信息的收集、方案的制订、项目的完成到成果的评估的整个过程，主要采取学习小组的工作方式进行学习。在特定的学习情境下，他们相互依赖、共同合作，一起完成工作任务并做出项目成果。其二，情境有利于学生掌握知识与技能。技术实践知识与工作过程知识的情境性，决定了这类知识的掌握依赖于工作情境的再现，情境为学生职业能力的获得提供了一种理想的环境。在项目化教学中，教学环境和活动的情境化，能够拓展学生的能力，为他们走向工作岗位做好准备。

2. 教学活动实践化

和传统教学模式不同，项目化教学针对的不是一般的理论知识，而是具体的职业技能，所以教学内容和教学过程常常是实践性的、可操作性的。通过将理论知识和实践操作融合于具体的项目实施过程，教师不再局限于传授书本知识，而是让学生亲身参与、体验项目实施。学生在完成项目和任务的实践过程中，学习和掌握知识和技能，结合自身体验，从行动中、实践中学习，这是最直接有效的学习方式。实践的内容来源于学生的学习生活和社会生活，学生面对的是真实具体的问题。实践的方式多种多样，可以个人独立，或组成学习小组协同合作，通过多种途径来完成项目化教学的实施过程。

（四）学生地位主体化，教学对象自主化

在项目化教学中，学生为解决所面临的工作任务而采用一定的劳动工具和工作方法进行探究。教师不再完全是知识的传授者，同时还扮演着项目的策划者、组织者、指导者、咨询师等多个角色。学生也不再是知识的被动接受者，在教室里被动地接受教师传授的知识。作为项目化教育的主体，学生参与项目化教学全过程的每个环节，包括搜集信息、项目的设计、项目的决策和计划、方案的选择、信息的反馈、项目成果的评价等。这样学生既了解任务总体，又清楚每一个具体环节的细节，能够相对自主、自由地进行学习，在完成任务的过程中获得知识、技能。这种教学形式经常采用工作小组的学习方式，创造条件让学生能积极主动地去探索和尝试，这不仅能有效地促进学生创造能力的发展，有益于学生特长的发挥，而且在体验到个人与集体共同成长的快乐的同时，有利于每个学生的责任感和协作精神的形成。

（五）教学资源与教学成果多样化

1. 教学资源多样化

根据建构主义的教学理论，学习者的情境越丰富，新知识与学习者的联系越强，则知识的建构过程也就越容易，学习者掌握新知识的效率也就越高。为了挖掘项目化教学的优势，尽可能地丰富学习情境，教师往往在项目教学前就进行教学设计，并为项目实施准备和提供丰富的资源，如文字、图片、动画、视频、课件等。教师也可以将这些教学资源上传至网络，建立项目化教学服务系统，让学生更好地利用这些资源进行学习。

2. 教学成果多样化

项目化教学创造了能够使学生充分发挥潜能的学习环境，其学习成果主要体现在职业能力的提高上，而不是知识的积累上。因此，项目化教学追求的不是学习成果的唯一正确性，因为评价解决问题方案的标准并不是"对"或"错"，而是"好"或"更好"。在项目化教学中，每个学生会根据自身的经验，给出不同的解决任务的方案与策略，因此，学生学习的成果不是唯一的，而是多样化的。教学成果的形式也是多样化的，可以是一个方案、一种策略、一幅设计图、一个具体的作品等。

（六）教学评价的多元量化

项目化教学对学生的评价不是针对学生知识的积累，而是针对学生职业能力的提高来进行的。而职业能力不能仅仅说是一种能力，它是多种能力的综合，是学生在完成实际工作任务中形成的。在项目化教学中，学生的表现主要体现在项目实施过程的表现上和项目结果完成的质量上，教学评价可以采用过程评价和结果评价相结合的方式。学生的项目实施结果可以用具体的作品、动画、文字、图片等多种方式来呈现，教师可以想办法提高这种多元化的选择，以激发学生学习的积极性。由此可见，项目化教学成果的形式是多样化的，故教学成果的评价也就具有多样性，要根据不同的教学成果的形式来选择不同的教学评价方式。为了体现评价的多面性，还可以加入教师评价和学生间互评有机结合的方式来实现教学评价的多元化。

另外，教学评价的各部分都必须具备可量化的条件，即组成评价的各个部分都要有具体的评价标准和对应的分值，将评价结果细化到具体的分值。因此，项目化的教学评价既要做到公平、公正、公开、透明，还要依托具体的任务，让评价具备可操作性。

二、项目化教学与传统教学的区别

通过对比项目化教学和传统教学的特点，现将两者的区别总结如下：

（一）教学目标的区别

传统教学注重给学生传授知识和技能，即教学结果的传授。此种教学方式重心在于陈述性理论知识的存储而不是指向过程性行动知识的应用；注重学科体系的复制而不是职业能力的开发；以共通性知识产品再现为目标而不是以个性化知识体系自我构建为目标。这样的教学最终会使学生变成"知识存储器"和"技能机器人"。

项目化教学的教学目标是以该专业所对应的典型职业活动的综合职业能力为导向的，具体包括方法能力（学会学习、学会工作）、专业能力（学会知识、学会技能）、社会能力（学会共处、学会做人）。

（二）教学形式的区别

传统教学教师讲、学生听是教学的重要形式，而项目化教学的教学形式是学生在教师的指导下主动探索、找问题并解决问题的过程。

（三）教学内容的区别

传统教学的教学内容主要是教师讲授前人总结出来的经验，属单一学科的内容；项目化教学的教学内容主要以学生获得直接经验为主，属于综合性的内容，甚至是跨学科的内容，至少也是同一学科理论与技能的综合。

（四）教师作用的区别

在传统教学中，教师是知识传授者，主宰教学内容的取舍，在教学中占中心地位。而在项目化教学中：在项目准备阶段，教师是项目的设计者和学生的引导者；在项目实施阶段，教师是教学活动的组织者、咨询者和指导者；在项目评价阶段，教师是评价者。

（五）交流方式的区别

在传统教学中，交流方式往往是单方面的，虽有互动，但学生也是被动的；而在项目化教学中，师生的交流互动是双向的，学生从被动变为主动，表现为师生、生生、生师三种形式的互动。

（六）参与程度的区别

在传统教学中，学生要听从教师的指挥，学习比较被动，参与程度较低，主要表现为"要我学"；而在项目化教学中，学生一般可以根据自己的兴趣做出选择，在项目实施中各自有各自明确的学习任务、思考空间，学生可以选择不同的解决问题的方案，参与程度高，主要表现为"我要学"。

（七）质量控制的区别

在传统教学中，质量控制手段单一，教学质量主要通过课程考试成绩来体现；而在项目化教学中，质量控制是多元化的，表现为评价主体（教师评价、学生自评及互相评价）、评价形式（笔试、口试、实做）、评价过程（思路、方法、结果）、评价标准（无简单对错）都是多元的。

（八）教学特色的区别

在传统教学中，教师常常挖掘学生的不足点以补充授课内容；而在项目化教学中，则是教师在多元智能理论下充分利用学生的优点，开展教学活动，对学生更多的是鼓励和赞扬，而不是指责和挑剔。

（九）课堂形式的区别

传统教学的课堂一般是在封闭的教室，是去情境化的；而项目化教学的课堂则是开放的，以情境性为首要原则，可以在专业教室、网络教室、实验室、校内外实训基地、实习工厂、合作企业等多处开展。

（十）教学组织的区别

在传统教学中，一般是教师单打独斗，各自负责各自的课程；而在项目化教学中，综合性的项目往往需要"双师型"教师，甚至是跨学科的教师，教学主要由教学团队集体进行。

（十一）教学班额的区别

在传统教学中，教学班常是30人以上的标准班或大班；而在项目化教学中，教学都是小组化，可以采取轮换的形式进行。

（十二）教学结果的区别

传统教学的教学结果主要体现为知识形态的掌握；项目化教学的教学结果则是多样化的，主要表现为综合职业能力的形成，具体可以是作品、产品等形式。

（十三）教学模式的区别

传统教学模式是以知识（理论）为导向的，而项目化教学模式则是以行动（实践）为导向的，这是本质区别。项目化教学模式的最大贡献从表面上看是解决了"怎样学"的问题，逻辑前提是学生愿意学，而部分大学学生学习积极性不高，即不愿意学，因此解决了学生不愿意学的问题才是项目化教学的最大贡献。

三、项目化教学对教师的要求

项目化教学方法是对教学方法的重大改革。与传统的教学方式相比，项目化教学方法对教师素质提出了新的、更高的要求，要求教师熟悉专业需求和岗位需求，具有理论联系实际、设计教学情境的能力，具有跨学科组织知识的能力，具有团队合作的精神等。在项目化教学中，教师将面临许多新的问题与挑战，只有具备这些能力，才能使对学生的培养更贴近实际，有利于充分挖掘学生自身的潜力，更好地培养其创造能力，使学生更好地适应社会需求。

（一）项目化教学要求教师熟悉职业实践

教师只有具备职业经验，真正地了解企业的工作过程和经营过程，才能够从整体联系的视角选择具有典型意义的职业工作任务作为具有教育价值的项目。这就要求教师要具有丰富的职业经验，熟悉实际工作过程与环节。另外，项目化教学是以典型的职业工作任务来组织教学内容的，将理论知识和实践技能通过典型的职业工作任务有机地结合在一起。如果教师只具有专业理论知识，而对职业实践不够熟悉，则很难胜任项目化教学工作。这就要求教师通过企业见习、定岗培训等途径充分了解企业的生产和经营过程，不断地积累职业工作经验，提高自身的职业技能水平。

（二）项目化教学要求教师具有跨学科能力

项目化教学往往会涉及多个学科的教学内容，这就要求教师要具有跨学科的知识与技能。而在传统的教学中，教师都有自己的专业，经常是独立地完成教学工作，和其他学科的教师很少有业务上的往来。但是，项目化教学涉及多学科教学内容，对绝大多数教师而言，很难独自一人很好地完成项目化教学工作。这就对教师提出了新的要求，要求教师具有跨学科的能力，不仅要熟练掌握本学科的专业知识与技能，还要了解相近学科、相关学科及跨学科的知识与技能。

（三）项目化教学要求教师具有团队合作能力

项目化教学经常涉及跨学科的内容，需要和其他学科的教师进行交流与合作，因而要求教师具备团队合作的能力。不同专业领域的教师联合起来进行项目教学，教师的工作方式从个体走向合作，这对教师来讲，是工作方式的根本改变，必须与同事建立联系与合作，关注其他专业领域的发展。

（四）项目化教学要求教师具有创设学习情境的能力

学习情境是项目化教学的载体，创设学习情境对项目化教学来说至关重要，关系到项目化教学改革的成败。因此，教师要具备创设合适的学习情境的能力。这就要求教师充分熟悉教学内容，深入其中进行研究，选择合适的工作项目及任务，并准备好项目实施所需的学习资源，创设协作学习的教学环境。创设学习情境时要注意，要尽量使项目内容具有艺术性与趣味性，吸引学生的注意力，激发学生学习的积极性与探讨的热情。

（五）项目化教学要求教师对自身在教学过程中的角色进行重新定位

在项目化教学模式中，要以学生为教学的中心，学生不再是知识的被动接受者，而是知识的主动建构者。教师也不再是教学活动的中心，不再是知识的传授者，而是教学的组织者、引导者、咨询者和评价者。同时，项目化教学还提倡师生之间的双向互动。因此，教师要对自身在教学过程中的角色进行新的、准确的定位。通常可以将项目化教学过程划分为三个阶段：项目的准备、项目的实施和项目的评价。根据项目化教学阶段的不同，每个阶段的特点和任务也不同，教师在各个阶段所扮演的角色也有所不同。

在项目准备阶段，教师的主要任务是向学生提供和完成教学项目及任务相关的知识、信息与材料，指导学生思考和寻找解决问题的方法，教师主要是学生学习的引导者。

在项目实施阶段，教师的主要任务是创设学习情境、营建良好的学习氛围，组织和引导教学项目的实施。当学生在完成任务的过程中遇到困难时，就给予具体的引导与帮助。教师更多的是学生完成项目工作任务的组织者、咨询者和指导者。

在项目评价阶段，教师的主要任务是在学生自我评价的基础上，引导学生对项目学习的目标、过程和效果进行反思；让学生对自己参与工作任务的行为表现进行评价，总结自身的体验；评价学生在项目化教学中的独立探究能力与小组合作精神，对各组完成的工作任务的过程和结果进行总结，指出优点以及还需改进的地方，为学生进一步的提高指明方向。这个阶段，教师主要是学生项目化学习情况的评价者。

第四节　项目化教学的原则与模式

一、项目选择的原则

当前，各大高校正在开展课程体系和课程改革，其中课程改革的重点是项目化教学。在项目化教学中，项目的选择是构建职业教育项目课程的关键和首要任务，是决定项目化教学成败的关键之一。到底应该如何选择教学项目才能符合项目化教学的要求是项目化教学设计中必须首先解决的问题。其实，项目化教学中的项目具备多样性，它既可以是生产一件具体的、有实际应用价值的产品，也可以是一项具体的生产或工作任务，还可以是排除设备的一个故障，或是为人或社会提供一项服务等。

课程研究的先驱伯曼把课程中的"项目"划分为五种类型，分别是有结构的项目、与主题有关的项目、与体裁有关的项目、模板项目和开放性项目。在职业教育中，根据学科体系将课程分成三大类，即公共基础课程、专业基础课程和专业课程。按照课程性质和教学特点的不同，可以把职业教育的课程项目分为两大类：对于公共基础课程和专业基础课程来讲，项目应该是指与主题有关的，围绕一定的主题、充分重视个体经验的、通过多个碰撞交融强调过程的生成性理解的项目；对专业课程来说，项目应该是指有结构的项目和开放性项目，即具有相对独立性的客观存在的活动模块和能充分发挥学生创新能力的项目。

不同类型的项目课程，项目选择的原则和方法也是不同的，但也存在共性，都需要符合以下条件：

（一）课程项目必须具备的条件

①项目过程可用于学习一定的知识和技能，具有一定的实用价值，具有一个描述清晰的任务说明。

②项目能够将教学内容的知识点和技能点有机地结合在一起。

③项目能够激发学生的学习兴趣和学习积极性，并且在项目实施遇到困难时，学生能通过教师有限的指导做到自己克服困难。

④项目完成过程要具有适宜的难度和一定的综合性，不仅仅是学生对已知的知识和技能的应用，而且还要求学生能运用新学习的知识和技能去解决以前从未遇到过的实际问题。

⑤在项目完成过程中，学生有自主进行计划和工作的机会，在一定时间范围内可自行组织和安排自己的学习和工作行为，完成任务。

⑥项目要具有完整性。项目的选择不是某个项目中的一部分，而是一个完整的项目，包括从开始到结束的整个过程。

⑦项目要具有可操作性，并且最终有一个具体的、实在的项目成果，有明确的评分标准，教师和学生可以共同对项目工作的过程、方法和成果进行项目的总结与评价。同时，也可以把项目内容进行延伸，以适应以后的需要。

项目化教学通常都是以实践为导向的，或是以任务为引领的，或是案例式的，它既是一种课程教学模式，也是一种很好的教学方法。对于项目化教学中教学项目的选择要有较为严格的要求，要符合上述标准。

（二）基础课项目选择的原则

①选择学生容易理解的项目。学生容易理解的项目，可以帮助学生树立学习的信心，在完成项目的过程中不必花太多的时间和精力去理解和分析项目，从而把更多的精力用在考虑项目的解决方法、理解新知识的应用方面。

②选择贴近学生生活的项目。贴近人们生活的项目，容易让学生产生兴趣，激发学生解决项目问题的热情，增加完成后的成就感，从而提高学生的学习积极性和学习效率。

③选择趣味性的项目。学生的兴趣是项目活动启动的原动力，在项目选择过程中，教师应充分考虑趣味性原则。趣味性的项目，通常内容有趣、生动形象，对有趣的东西，人们总是容易产生兴趣并提起精神，因此，能激发学生学习和思考的兴趣。

④选择在内容上有重叠和递进关系的项目。项目内容的重叠，可以让学生多次利用基础知识解决问题，熟练掌握项目知识。项目内容的递进，使后面的项目在前面项目的基础上增加新的内容，从而训练学生运用新的知识解决更多问题的能力。

（三）专业课项目选择的原则

在学习专业课程时，学生往往已经掌握了一定的基础知识，具备一定的解决问题的能力，此时学习的重点是运用已掌握的知识和能力，加上必需的新知识解决专业实际问题，为就业做准备。专业课程项目的选择既要有实际意义，又要符合职业教育规律，可以遵循以下几方面原则。

①选择具有可行性的、改造后的企业项目。通过对企业的实际项目进行改造，除去不需要的部分，保留主要内容，根据教学必须掌握的知识点和技能点进行转化，改造成适合教学的项目。这种项目来自企业生产一线，与职业性培训办学条件相符，对学生来说具有真实感和实用性，对培养学生的职业技能素质和综合素质有很大的帮助。

②选择经典项目。一些经典的项目，虽然不是企业的实际项目，但经过教师多年的研究和实践，对项目进行了大量的开发，教学资料齐全，实施起来得心应手，知识点和技能点的设计与融合都很合理，可以很好地适应项目化教学的需要。另外，这样的经典项目具有很好的覆盖性，以教学内容为依据，以现实对象为材料，既要包含基本的教学知识点，又能调动学生解决问题的积极性。

③选择贴近学生的实用性强的项目。项目化教学是以社会为背景、以项目为媒介的系统教学方法。它以培养学生的职业能力为目标，将学生的学习目标和岗位需要相结合，将学生的学习环境和工作环境融为一体，是学生学习生涯和职业生涯的完美结合。在进行项目选择时，应注重项目的实用性，真正做到学习和工作的结合、学校与社会的结合，主要培养学生的职业能力、就业能力，以满足社会工作的需要。另外，在实用性强的前提下，选择学生熟悉的、贴近学生生活的项目，这样容易激起学生的学习兴趣，提高学生学习的主动性，从而可以达到很好的教学效果。

④选择递进的项目。对于专业课程的项目来说，操作性和综合性较强，适

合选择有递进关系的项目，循序渐进地对学生进行训练，以螺旋式上升的模式提高学生的职业技能水平，逐渐增强学生解决实际问题的能力。

⑤选择可操作性强的项目。选择项目时，要以学生为中心，并注意不同学生的特点和知识接受能力的差异，把握项目内容难易程度的层次性。教师要站在学生的角度，充分考虑学生的现有知识水平、认知能力和兴趣等，针对不同的学生，设计和选择不同层次的任务，做到项目实施的可操作性。

⑥选择具有拓展性的项目。一线企业生产过程和工作任务是不断变化的，这就要求项目任务必须能适应动态变化，不断及时地将生产过程中的新知识、新技术、新工艺和新方法引入项目中。

⑦选择工作量适中的项目。选择一个教学项目时，应避免工作任务单一或过多，以便于学习知识的迁移。对于学生初始学习的项目，不能太大，也不能过于复杂，便于学生对项目化教学的适应以及相互之间的协作学习。

（四）选择项目时应该注意的问题

①在进行项目化课程的项目选择时，要考虑到项目能否激发学生的学习兴趣，但不能仅以学生的学习兴趣为出发点。因为，项目的选择还应该受职业要求、行业标准和工作环境等多方面的制约。

②进行项目化教学的根本目的是培养学生的职业能力和职业素质，只要有利于教学效果，有利于促进学生职业能力的发展，选择的项目不在于大小。对于初学者来说，小型项目或较为简单的项目实际上更有利于教学，如生产一件产品、一个零件等。只有到了教学后期，大型项目或综合性项目的教学才能真正体现出它的教学价值。因此，项目不是越大越好，在整个项目化课程的教学过程中，项目的选择与排序要和学生的知识掌握水平以及职业能力的发展水平相适应。

③选择的项目不一定都要来自企业。通过专业调研和典型岗位工作分析，来源于企业的工作项目，当然能够最大限度地发挥项目化教学的效果，但实际上在教学中往往不可能从企业获得足够的、适合的项目。这时，适当地采取一些模拟项目，模拟企业的生产或工作的环境和过程，也可以促进学生职业能力的提高。只要能够达到发展学生职业能力的目标，模拟项目也是可取的。

二、项目设计的原则

（一）项目典型，设计巧妙

在进行项目化教学的项目设计时，应以满足社会需求和提高学生就业竞争力为主要目的，要选择具有典型性、代表性的、企业有大量需求的项目，其所覆盖的知识点和技能点为学生必须掌握的内容。通过项目化教学的学习，学生能够具备一定的实践操作能力，达到岗位技能标准的要求。

心理实验表明，人最初感知印象的深浅，关系到记忆的速度和牢固程度，最初印象越深，记忆就越快，也会记得越牢。所以，教师还需精心巧妙地设计项目，以独到的方式展现新知识、新技能，从而有助于吸引学生的注意力，激发学生的兴趣，给学生强烈的刺激，深化印象。

（二）由易到难，循序渐进

教学项目的设计应遵循由易到难、循序渐进的原则。一般来说，第一个项目为入门级项目，不宜较难，也不必过度关注其所覆盖的知识点和技能点。之后的项目难度和复杂程度逐渐加大，所包含的知识点和技能点也逐渐增多或根据项目大小来定。最后一个项目为综合性项目，难度和复杂程度最大。不同的项目之间可以是递进、平行或包容的关系。

（三）任务交叉，反复训练

对于同一个知识点和技能点，可以在不同的任务中交叉出现，让学生能够反复训练，熟练掌握必需的知识和技能。研究表明，在学习新内容之后的短时间内，往往是遗忘最快的阶段，如果学习后的四至七天内不重复学习，记忆将会受到抑制，甚至完全消失。因此，设计项目时做到任务交叉，可以反复训练学生的技能，这符合学生学习和记忆的规律，有利于学生的长久记忆。

（四）统筹安排，合理分配时间

项目化教学不仅要考虑课内所需要的课时，还需要考虑学生在课后进行项目准备以及为完成项目所需要的时间，即延伸学时。这样便于统筹考虑和安排一门课程的项目化教学改革，合理调控和安排学生的课余时间，要做到既充分利用了学生的课外时间，又不会给学生过重的学习负担。

在进行项目化教学的项目设计时，设计出的项目要能够让学生积极参与，并使学生在参与过程中学习和掌握项目所需的知识点和技能点。这样的教学，既能调动学生学习的积极性，又能培养他们的合作意识和创新精神，很好地提高学生的学习效率。

三、项目化教学实施的原则

项目化教学将教学和具体项目的实施有机结合起来，建议在实施时应遵循以下原则：

（一）结合专业及课程特点进行项目化教学的改革

项目化教学的教学模式，具有很强的实践性和操作性，适合实践性强、偏重技能操作的专业和课程。当然，专业和课程性质不同，实践场所和实践方式不同，在项目教学中可以进行灵活处理，如机械加工类项目需要在车间或厂房中进行，农林类项目需要在田地中进行等。

（二）进行教学的项目最好是企业的真实项目

项目化教学可以在真正的工作环境中实施真实的项目，也可以尽可能地模拟真实的工作环境，模拟真实项目的操作。但进行教学的项目最好是企业的真实项目，这样容易调动学生的学习兴趣，提升学生的成就感，除了可以学习到课程的知识点、技能点，还能锻炼沟通交流、应对突发事件的灵活应变能力等多种职业综合能力。在真实项目中学习，是最直接和有效的学习。另外，在开展项目时，由于知识点与工作任务紧密联系，学生能够直观地感受到知识对于完成任务的有效性，这可以极大地激发起他们的求知欲。

（三）有企业一线专家和骨干直接参与项目化教学

项目化教学将实际工作项目或案例等引入教学，而高校里的教师大多数缺乏一线工作的实践经验，难以适应项目化教学的模式。如果没有与市场零距离接触的企业一线专家和骨干作为兼职教师参与教学，教学效果就会大打折扣。这些企业专家和骨干一线工程经验非常丰富，动手操作能力很强，能真正教会学生怎样处理实践环节中的各个细节问题，大大提高教学效率和效果，在项目化教学中发挥积极作用。

（四）充分利用企业资源

项目化教学应尽量在企业环境中完成，尽量充分利用企业里的各种资源。因为，单纯在学校里面添置设备，虽然可能和企业所使用的设备一模一样，但往往徒有其形，模仿不了企业的环境和气氛。另外，设备购买资金投入很大，利用率也不高，维护成本、设备折旧成本都较高，设备还容易因技术落后而被淘汰，往往会出现设备的维护费用超过其产出效益的现象。

在企业里进行教学，学生的角色就是企业员工，有自己的岗位与职责，能够完全投入工作中，在工作中学习。并且，学生在企业接触到的设备大多都比较先进、性能优良，有利于学生的学习和操作，同时也大大降低了学校的办学成本。

（五）项目化教学方式可以灵活应变

传统教学的授课地点、授课时间和授课内容一般都是提前准确制定，教学时严格执行的。项目化教学的授课地点、授课时间和内容虽然也可以提前制定，但因为很多内容需要和企业合作，需要根据市场和企业需求而变化，所以教学安排应根据项目和企业的需要，能够进行灵活地调整，具备一定的应变能力。

（六）项目化教学的考核应以职业能力为标准

在项目化教学过程中学生成绩的考核应以岗位职业能力为标准，结合项目完成的结果，同时注重工作过程的考核。项目结果的形式可以多种多样，可以是具体的作品、课件、视频、图片等。考核方式对学生来讲具有导向作用，要以项目实施过程中的综合表现、职业技能、团队协作能力、发现并解决问题的能力等多要素进行考核，这样能引导学生在项目完成过程中注重培养自己的职业综合能力。

（七）项目完成后应及时进行总结和评价

一个项目结束后，学生和教师都应该及时进行总结。可以采用项目总结会的形式，每组学生对项目成果进行详细、完整的项目总结，并进行项目成果的汇报；专、兼职教师对项目实施各个环节出现的问题、解决问题的方法、每组表现的亮点和不足等方面进行总结、分析和点评。这个总结和评价的过程非常重要，能够进行充分的、深入的经验交流，有助于学生对项目内容的理解、巩固和掌握。

四、项目教学的分类

在项目化教学中，项目的类型是多种多样的，有些项目有严密的步骤和具体的工作内容与标准，而有些项目则仅有一个总体的框架，给学生更多的自由和发挥的空间。根据项目化教学中不同项目的特征，可以把项目分为结构式项目、主题式项目、体裁式项目、模板式项目和开放式项目等多种类型。一个独立的项目，可能是以上类型中的某一种，也可能包含其中的两种，甚至包含其中的多种类型。有些项目则难以进行分类。下面介绍常见的五种项目类型：

（一）结构式项目

结构式项目的项目成果是具体的产品，项目要求产品符合特定的规定，即要求学生制作的产品包含规定的材料、具有规定的尺寸、能发挥特定的功能、满足规定的质量标准等。学生可以在特定的一段时间内来制作产品，可以是一个星期、一个月、一个学期，甚至是一学年等。产品制作完成后，学生要在规定的时间里展示作品，教师要对作品进行考察，检验产品是否符合既定的标准、满足既定的要求，并以此为依据对学生的学习结果进行评价。

（二）主题式项目

主题式项目是学生对单元学习的拓展，主题由教师布置或由学生自发选择。每个学生要搜集与主题相关的资料，然后对资料进行分析、整理、综合，最后形成一个最终的作品。这个最终作品往往是一份书面报告，通过书面报告向他人展现他所学到的知识内容以及对他个人的意义。展现的形式可以多样化，可以包括小册子、杂志、幻灯片、招贴画、录像片或其他音像制品。如果项目是由小组共同来承担的，则由小组成员分工合作来完成书面报告，并由小组负责人或若干小组成员向全班展示他们的作品。在主题式项目中，当学生搜集与主题有关的资料时，经常会对该主题产生浓厚的兴趣，并在项目完成的过程中对主题形成较完整的个人化理解。

主题式项目可以是许多学生或多组学生各自完成各自的项目，这些项目又可以组成一个较大的学习单元。当所有项目完成并集中展示作品时，每个学生都可以经历一次超越单元内容的学习。这种情况要求在单元开始前就分配好各自的项目，在单元进程中及时汇报项目的进展情况，最好是各小组都有具体的时间计划表，以便合理调控项目进度以及小组之间相互协调工作。

（三）体裁式项目

体裁式项目指的是要求学生制造某种既包含关键要素又符合特定特征的产品。当学生制作产品时，他们可以运用某种特征作为指南。教师鼓励他们在设计最终的产品时采用头脑风暴法来充分发挥他们的创造性。例如，以儿童文学作为体裁，学生可以制作一本有前后封面、标题页面、故事与图画相结合的页面的故事书。而关键要素，学生首先就会想到出版社的标准，学生和教师也可以自己来制定作品评价的规则，如是一本达到专业化水准的故事书还是一本草稿等。通过对这一项目的学习，学生就会逐渐掌握与体裁有关的项目中所包含的要素特征及其产品制作的要领。

（四）模板式项目

模板式项目通常是建立在已做好材料基础之上的项目，这类项目的材料一般已经具有固定的形式、形态或结构，即特定的模板。在开展这类项目时，学生必须参照这一特定的模板来进行。例如，报纸必须遵循一个被普遍接受的结构，这种结构就是一个模板。学生可以用这种模板来创办班级报纸、学校报纸、特定历史事件的报纸、想象中的未来事件的报纸以及其他主题的报纸。

（五）开放式项目

开放式项目指的是鼓励冒险、创造性、革新以及发散性思维的项目。学生在做这些项目时不必有指南或标准，他们可以以自身的方式来看待熟悉的事物或通过对熟悉材料进行调查而发现其新的应用等。教师和学生可以一起讨论建立项目的指南，包括对信息的搜集、从头脑风暴中产生的想法、对产品的检验以及如何完成最终的产品等，因此其项目学习的过程是开放性的。学生通过此类项目的学习，可以了解开放式项目学习从主题确立到搜集资料，再到最终产品形成的过程，学会如何从不同的角度认识和发现新的想法等，从而增强个人的创造性思维能力。

五、项目化教学的模式

项目化教学从提出到发展至今，其教学手段、教学方法和教学模式等都在不断地发展和完善，根据社会的发展、对人才需求的变化等不断地进行调整和创新。根据目前高校项目化课程教学的现状，可将高校课程项目化教学的模式分为以下几类：

（一）实训室教学模式

实训室教学模式是指在实验室内开展项目化教学的一种模式，如食品加工专业在实验室内制作橘子罐头、酸奶，园林技术专业进行某绿地景观设计等。项目化实验室教学模式适合对教学场地、教学设备要求不高，实施过程相对简单的项目，其项目化教学的场地容易建设，教学设备容易购置和维修，项目化教学的实施过程比较简单。

这种教学模式具有一定的封闭性，仅仅适用于部分适合的课程。其优势在于实施项目化教学的成本较低，也不会偏离教学目标，教师能够严格地按照教学计划的要求，在规定的教学时间、教学场地完成预先设计好的项目内容。

（二）开放式的实训基地模式

开放式的实训基地模式是指教学场所、教学时间相对开放，项目的进行不再局限于某一特定的场所，一个项目可以根据需要在教室、实验室、实训基地等不同场所开展，并且在课外时间，学生仍然可以进行项目资料的搜集，项目的分析，项目的设计、制作和管理。有些学校还对学生开放实训室，让学生能够在课外时间充分地利用实训基地。这种模式目前在高校项目化教学中应用较多，如农林类专业进行植物种子繁殖项目时，需要先在实验室进行种子温汤浸种、杀菌、催芽等处理，然后再到室外实训基地进行播种和播后管理，并且在课外时间还需要继续进行项目管理。

这种开放式的实训基地模式不受课堂时间和空间的限制，相对比较灵活和自由，尤其是随着现代网络技术的发展，网上的教学资源非常丰富，可以给项目化教学的学习提供大量素材和信息。但是，这种模式下学生的自由度过大，也可能出现部分学生的自制力偏差，从而出现偏离预期教学效果的情况。

（三）校企合作教学模式

校企合作教学模式是建立在校企合作办学的基础上的，更加强调以学生为核心。人是教育的出发点，教育的目的是培养人才。校企合作项目化教学一般利用企业的场地、设备和工作环境，根据学生的特点和企业岗位工作的需要，选择具有典型性的真实工作项目，在教师和企业一线专家及骨干的指导下，由学生在具体的工作岗位完成项目。在整个教学过程中，应充分体现学生的主体地位，明确教师的主导地位，选择适合学生发展需要的教学内容和教学方法，使教师和学生都积极主动地参与到项目中去。

这种校企合作教学模式非常有利于学生的学习、发展和教师职业技能水平的提高。但是，需要注意的是，在校企合作前，学校和企业必须协商好双方各自的权利和义务，明确各自的职责，分配好各自的任务。这样，校企合作教学才能顺利地进行和完成。这种模式是目前高校推荐采用的教学模式。采用这种模式，学校可以降低教学成本、提升教学效果，学生可以提高职业素质、增强就业竞争力，企业可以为自己量身培养人才，从而达到校、企、生三赢的目的。

综上所述，项目化教学的模式也在不断发展、探索和完善，每一种模式都有各自的特点，其中，校企合作教学模式是目前最为直接、有效，效果最好的项目化教学模式。高校和教师应根据自身情况，结合专业和课程的特点，选择适合的项目化教学模式，以培养出顺应时代进步、适应社会发展和企业需求的高质量技术技能人才。

第二章　项目化教学的构成要素

第一节　任务

在新课程推进中，以"学生发展为本"成为教育教学的核心理念。教学是一个师生双边互动的动态过程。项目化教学是指师生通过共同实施一个完整的项目而进行的教学活动。在教学过程中，把教学内容巧妙地隐含在一个或多个项目任务之中，力求以任务驱动的方法引导学生在"做中学"，从而掌握教学内容，旨在培养学生分析问题和解决问题的能力。从项目化教学特征来看，明确的项目任务在项目化教学中具有极其重要的地位。

一、项目化教学中"任务"要素的重要性

（一）贯穿始终，驱动探索

建构主义理论认为，知识不是通过教师传授得到的，而是在教师的指导下，由学生在主动探索、主动发现过程中通过对知识意义的主动建构方式获得的，强调以任务为驱动，提倡"学中做"和"做中学"。从项目化教学实施的过程看，项目化教学任务贯穿于项目化教学活动的整个过程，而且在不同的教学环节它都有着不同的地位和作用。

项目化教学改变了传统的以教师为中心、单纯传授书本知识的教学模式。项目化教学围绕项目知识设计出明确的、具体的、可实施的任务，学生在完成任务的过程中探索知识，容易培养学生探究学习和求知的欲望。在这个过程中，学生在任务的驱动下一步一步地探索，不断体验成功，并随着任务的一步一步实现，可以更大地激发学生学习的兴趣和探索学习的欲望，逐步形成感知心智活动的良性循环，从而培养出独立探索、积极进取的自学能力。

（二）任务导向，促优教学

任务是项目化教学活动中的要素，是项目化教学的基点。项目化教学法是

一种任务导向教学法，它并不是某种具体的教学方法，而是以任务为出发点，项目化教学围绕该任务中心展开的一系列教学活动的教学方法。由于完成任务目标的确定性和完成途径的多样性，学生个体在完成任务过程中会遇到不同的困难和障碍，他们会在任务的导向下，不断地修改和调整自己的方案，重新确定路径、方向和方法，可以很好地达到培养学生能力的效果。

具体来说，项目任务还是项目化教学活动中制订计划、实施计划和项目评价的依据。没有具体的任务，计划的制订和实施就没有了方向和方法，整个项目化教学也会像一盘散沙一样，失去了教学的意义。另外，学生在项目学习过程中，对任务内容特点的把握、完成任务采用的途径和方法，以及对学生的能力评价等都是评价的内容。不难发现，在项目化教学中，任务是项目化教学中非常重要的要素。因此项目化教学过程中要有明确的项目任务，充分利用其功能和作用。

二、项目化教学中任务设计的原则

（一）量力而行原则

任务的设计首先要为教学服务。在项目化教学中，教学任务的制订应该要遵循量力而行的原则，大致包含两层意思：一是教师根据教材的"材力"来制订教学任务，抓住知识之间的影响力来提高教学的生长力；二是教师根据学生的"学力"来制订教学任务，挖掘学生之间的潜力来焕发教学的生命力。项目化教学中的任务非常适合对学生的基本知识和技能的培养，但这并不是说，它只能培养技术层面的知识素养。作为促进学习的教学任务，就必须要遵循量力而行的原则，充分挖掘教材的"材力"和学生的"学力"，科学设计项目化教学任务。

1. 任务设计要以教材的"材力"为依据

教材的"材力"就是教学大纲，它以纲要的形式规定了课程教学的教学目的、任务；知识、技能的范围、深度与体系结构等。项目化教学活动设计的教学任务要在教学大纲所要求的理论知识和基本技能范围内，包含教学内容的基本知识点。教师要认真地分析教学大纲，凭借自己对教材的理解，将教学内容巧妙地融入精心设计的一系列知识或能力训练的实际任务中，让学生通过自主探究或小组合作的形式完成教师布置的教学任务，在完成各种任务的过程中培养学生分析问题、解决问题的能力，使学生的知识、思维、技能和情感得到锻炼和熏陶。

2. 任务设计要从学生的"学力"出发

"以人为本"强调学生在项目化教学中的核心地位，因此在任务设计时要了解学生、适应学生、贴近学生，要始终把学生放在第一位，要以学生为最终的落脚点，让教学任务成为可接受、容易理解的学习任务，以提高学生学习的内驱力，进而提高教学质量。

值得一提的是，根据心理学家维果茨基的"最近发展区"理论，学生最乐于挑战有适当难度的问题。因此，在任务设计中应根据学生已有的知识经验和智能发展水平，尽可能在学生的最近发展区设置任务，让学生不断有挑战感，这样对学生的思维具有启动、维护、加速的作用。

（二）循序渐进原则

任务设计的好坏直接体现在任务设计是否做到循序渐进。根据多元智能项目化教学理论，学生在知识、接受能力、思维方式等方面存在一定的客观差异。开发学生潜力，培养学生的综合能力，任务设计就要从学情实际出发，尊重学生个体差异。只有满足不同学生的需要，学生才能积极主动地参与学习，以保证对知识的主动建构。同时，任务设置应由易到难、前呼后应、层层深入；形式要变化多样，由初级到高级，多个任务形成任务链，使项目化教学呈阶梯式层层推进。

1. 设计的任务要具体化，系统性

遵循循序渐进原则，项目任务的设置就要做到具体化和系统性。任务项目化教学能太空泛，应尽可能具体化，有明确的具体的任务要求；任务不能太琐碎，应具有一定的完整性，便于综合能力的培养；任务不能太零散，应体现项目的系统性，便于促进知识技能的转化。因此，任务的设置要注意各个知识点之间的联系，使项目任务知识之间形成一个系统，子任务要服务于母任务，学生在完成这个任务后即建构了相应的知识框架，激发学生进一步学习下一个任务项目化教学的动机，尽量做到任务之间环环相扣，逐步提高。

2. 设计的任务要有难度梯度，因材施教

世界上没有完全相同的两片叶子，也没有完全相同的两个学生。不同的学生，接受知识的能力往往会有很大的差异。纵观我们以往的教学，存在着这样的情况：教师给所有的学生制定一个教学目标，布置同样的学习任务，然后用同一把"尺"来衡量、评价每一个学生的学习；学生用同样的方式学习，用同样的方法解决问题，而且只有唯一的答案。这种程序化的教学方式如同用现成的模型做泥人，最终将出现"千人一面"的结果，禁锢了学生的个性，制约了学生之间的差异，不利于学生的发展。

因此，教师在进行项目化教学的"任务"设计时，要从学生的实际出发，针对学生的心理特征、兴趣爱好、智力水平、潜在能力和学习方法等方面的项目化教学差异，设计的任务要有层次和梯度，由易到难，前后相连，层层深入，满足不同学生的需要，学生才能积极主动地参与学习，以保证对知识的主动建构。

（三）趣味性原则

兴趣是最好的老师，是推动学生寻求知识、探索真理的精神动力。项目化教学是培养学生主动探索知识、增强主体意识、发展自我能力的过程。因此，在项目化教学过程中一个好的项目任务不仅要考虑教学的需要，还要充分考虑学生好奇、求新、求趣的心理特征，通过趣味性任务驱动的方式，引起学生的注意力，焕发学生内心强烈的学习需要。例如，在"走进李白"项目学习活动中，可以巧妙地设置为角色扮演活动或讲故事等形式，组织进行一次李白诗词从内容到形式上的故事化比赛活动，可以激起学生对原本枯燥难懂的古诗文的强烈探索兴趣，这无疑会对学生的学习产生极大的促进作用，从而达到最佳的学习效果。

（四）综合性原则

一个好的项目任务的设计将是良好教学效果的主导。项目任务的综合性原则作为项目化教学成功实施的一个重要要求也应该引起重视。为达到有效改善教学效果的目的，项目任务的实施应该能够把先前学过的知识和将要学的新知识综合起来，把项目任务的知识性和体验性相结合，与其他学科的知识、日常生活发生联系，否则该项目任务将是空中楼阁，如无水之源。任务知识应该是任务实践生成的主体的知识，任务实践更应该是主体生成的实践，只有遵循任务设计的综合性原则才能更好地引导学生在理解基础上温故知新，掌握相应的知识和技能，促进学生的自主学习和全面发展。

第二节 规划

随着社会的进步和教育事业的发展，以教师讲授为主导的传统灌输式教学方式已经不能适应新的学习要求和现在竞争激烈的社会对人才能力的要求，现代课堂教学的重心应该由教转向学。项目化教学就是这样一种现代教学方式，其特征是以项目为基础，以任务为依托，以学生为主体，以教师为主导，创造了学生主动参与、自主协作探究教学全过程的教学模式。好的项目化教学活动并不是靠运气歪打正着蒙出来的，而是要通过前期的深思熟虑、严密规划以及过程中的严谨对待、切实管理实现的。针对项目化教学至关重要的构成要素——规划，本节将从项目化教学规划的教学过程和教学策略两个方面进行阐述。

一、以终为始，设计项目化教学过程

"以终为始"的项目设计理念，是指运用逆向思维将教学活动倒置的方法，要求从一开始就根据预期结果来设计过程，即在项目设计时，先考虑清楚该教学活动要获得一个怎样的效果，然后通过逆向思维倒推法，考虑要实现这一教学目标需要采取的教学措施、过程中可能会遇到的问题以及规避这些问题的解决方法，进而设计出较为完善的项目化教学活动。

教学过程通常是指教学系统的运动变化的过程，即教学活动开展的过程。在进行项目设计时，我们可以从以下几个步骤去规划：

（一）确定项目

项目的选定一般是由教师和学生一起商量确定下来的，项目任务一般情况下来自两个方面：一是由教师根据现阶段的教学内容和学生的认知发展水平提出的设想；二是来源于教师对学生学习情况的研究而精心设计、改造的项目。一般而言，项目体现的学习的主题和目标，除了要与学生的日常生活经历相关、符合学生的智力发展水平、能引起学生探究的兴趣以外，还要具有一定的延伸性，有一定的现实教育意义。项目选定时可以结合多个学科知识来设计合适的项目。

（二）制订计划

项目确定了之后，必须制订一个项目实施计划。计划的内容包括：学习时间的详细安排和活动计划；学生在教师的帮助下对项目学习所需的时间做一个总体计划；做出一个详细的时间流程安排，并对项目学习中所涉及的活动预先进行规划。一般一个活动都会包含多个项目任务，这时候学生就要在教师的指导下以分工合作的方式来完成各项目任务。

分组教学是项目化教学法常用的模式，在这个阶段，围绕所要研究的学习项目，教师可以根据全班学生的基本情况，先让学生自由组合，然后教师再进行调整，指定项目组长。每组一般控制在 4 ～ 6 人，学习基础和能力不同的学生进行合理搭配，组成项目小组。最后学生和教师一起制订小组的项目行动计划，确定工作步骤和具体分工，以便更好地开展项目工作。

（三）项目前置

由于项目化教学是一种较为新型的教学方式，为确保项目化教学质量，在正式开展项目化教学活动之前，教师要适当引导学生提前了解项目相关学习资料，学生可以根据自己的兴趣，查阅更多的有关项目资料。通过前置性学习，激发了学生学习的主动性，同时也避免了个别成绩较差的学生难以进入课堂的这种情况，培养了他们对项目的探究能力，从而提高课堂学习的效率。例如，在学生英语对话项目模块教学中，教师可以先提供给学生对话教学的资料，鼓励学生根据自己的兴趣自行查阅，让学生展开关于对话教学的整体知识的初步感知。

（四）实施项目

实施项目阶段是基于项目化教学的主体，学生在这一过程中内化理论知识，实践教学方法，是项目化教学区别于其他传统教学活动的一个重要特征。在此阶段，教师更多的是学生学习的组织者与领导者，主要是组织和引导教学过程，以学生为主体展开项目化教学活动。

从教学实践中看，项目化教学中一般采用的是小组合作的学习方式，每一位学习者都要明确本小组成员之间的合作形式以及自己在小组中的角色任务，然后严格按照步骤和程序来完成项目所要求的具体任务。小组学习能使学生体验到个人与集体共同成长的快乐。项目化教学改变了以往学生被动接受的学习方式，创造条件让学生能积极主动地去探索和尝试。这不仅有益于学生项目知识的建构和能力的培养，而且有利于培养学生的协调沟通能力和团队合作意识，有助于每个学生的责任感和工作精神的形成。

（五）展示交流

与传统的教学活动不同的是，项目化教学活动项目任务完成后，各项目小组要整理形成自己的作品，然后对项目活动过程和教学成果进行汇报展示与交流。成果汇报分享的形式可多种多样，如报告会、展览会等。在展示和交流的过程中，学生可以共享成功的经验和失败的教训，共同成长。

（六）评价反思

在评价反思环节，首先教师要不断地引导学生对项目开展过程的各种细节进行分析、总结，鼓励学生对各环节还存在的问题进行提问和互动。然后教师及时讲授相关的理论知识并做补充，引导项目小组开展反思，进行归纳总结。

在项目学习中，评价反思要结合学生自评、小组互评和教师点评的方式，其出发点不是单纯地判断学习者的学习结果，其主要目的在于通过项目学习帮助学生不断完善自我，学会识别项目完成过程中学生的强项和弱项，并为学生提供相应的建议，从多个层面促进学生个人和小组的进步。

二、不拘一格，创新项目化教学策略

项目化教学是师生通过实施一个完整的实践性"项目"而进行的教学活动。项目化教学其教学法的目标在于把学生有意识地融入一个个完成项目的过程中去，调动学生的积极性，自主地对知识进行建构，把通过学习所掌握的知识技能以及培养起来的解决问题的能力作为最终的目标。在新的教学模式下，要提高学生的学习主动性和学习效率，就必须不断创新教学策略，发展学生的自主发展能力。

（一）以小带大，有效教学

项目化教学中一个比较有效的方法是小课题带动大过程。为配合课程改革方案的实施，促进有效教学，教师可以根据学生的认知基础和学科大纲要求重整教材，将上课的教学任务设计成一个个小课题，由学生通过团队组织的集体对其进行研究，从而帮助学生掌握知识、技能。具体做法是，先培植学生的问题意识，以问题为载体，让学生通过收集分析和处理信息等学习活动来实际感受、体验知识与信息的收集、整理、加工、重组及应用的全过程，进而深入地领会知识的意义和内涵，通过活动来引导学生提高运用知识、自学、实践操作、自我评价、分析和解决问题等能力，让学生在不断探索中学习，促进学生的全面发展。

（二）以学代教，角色转换

建构主义认为，教师的主要作用是意义建构的协助者以及促进者，项目化教学中的教师不是通常所说的知识的灌输者与提供者，而是辅导学生学习的辅助者。和传统的教学法相比，项目化教学法一改以往以教师为主、学生为辅的教学方法，确立以学生为主的课堂教学模式，变"你讲我听、你书我记"的填鸭式被动教学为以学生为主导、学生主动参与、教师引导点评的主动教学模式，以学生的学为主，教师的教为辅。因此，项目化教学在规划过程中，要以培养能力为重点，以启发和发展学生思维为突破口，充分发挥学生的主观能动性与创新精神，调动学生学习的积极性和主动性，将"讲堂"变为"学堂"，把时间还给学生，使学生真正成为课堂的主人，实现高效课堂。

第三节　管理

项目化教学是新课程改革中所倡导的一项重要教学理念，是针对传统教学的弊端而提出来的。它强调教学不是封闭的、单向的、静态的知识传递与接受过程，而是一个开放的、充满对话和交流的、具有不确定性的过程。因此，有效促进项目化教学过程管理的落实，对于提高课堂学习效率，具有非常重要的价值和意义。

一、落实开放性教学，让项目化教学绽放光彩

（一）开放教学理念，唤起求知欲望

随着新课改的不断深入，新课程教学理念也不断转化教师的教学行为。在项目化教学中，教师要用发展的、多元的、动态的、灵活的教学理念对待教学，营造一种生动活泼、民主平等的教学氛围，而不是死板地停留在原有的教学设计上。开放性教学理念主要体现在：

其一，师生角色关系上。在传统教学中，一般是教主宰学，学服从于教，教师与学生的角色就是无创意的"搬运工"和被灌输的"容器"，教学的过程只是将知识从教案上传递给学生的过程。而开放的教学理念则要求改变以往课堂教学中教师的主导地位，在教学过程中始终把学生看作处于不断发展过程中的学习主体。

其二，课堂教学模式的变革上。建构主义认为，学生是生成的、建构的、发展的主体，而且这种生成、建构和发展在项目化教学的过程中得到了充分体现。项目化教学遵循以人为本的理念，注重培养学生探究的兴趣和实践能力，倡导"自主、合作、探究"的学习方式，在教师的引导下，在确保学生主体地位的基础上，让学生积极地思考，主动地探索。

（二）开放教学方法，促进主动参与

常言道："教无定法。"伴随着新课程理念的普及，多样化、开放式的教学方法越来越受欢迎。除了精心指导学生自主学习的学习方法以外，探究学习、

小组合作学习、分层次组合等学习方法也是非常重要的。在教学过程中教师应该根据学生发展的需要，因材施教，探索多种能激发学生学习的方法，创设各种教学情境，激发学生的学习动机，唤起学生的好奇心和求知欲，调动学生的积极性和主动性，学生才会真正实现主动参与。

（二）开放教学过程，提升教学效果

项目化教学作为一种新型现代教学方式，其教学课堂应该是一个充满生命力和活力的课堂，具有开放的教学过程。在项目化教学过程中，教师应适当把一些间接经验转化为学生学习的"再创造"的项目实践活动，放手让学生实践，让他们在实践中加强项目知识的体验学习。封闭的教学过程必然会阻碍学生的参与，所以过程中要注重开放性课堂的开展。要完善开放项目化教学过程，就要做到"三有"：有开放的教学空间、有开放的交流形式和有开放的教学时间。这样才能形成灵活便捷的教学模式，这也有利于创造精神和创造能力的培养。

二、搭建交流平台，促进项目化教学的有效开展

素质教学的理念要求教学从以教师为主、以教案为中心的那种传统教学模式中解脱出来，如此一来，教师与学生都将是课堂教学的参与者。由此可见，加强项目化教学活动的管理，注重教学活动间的交流，能更好地促进项目化教学的有效开展。

（一）教师与教师的交流

在新的课程教学理念下，课堂教学不再仅仅是传授知识和训练的基本操作，更是促进学生提升应用能力和形成创新能力的过程。项目化教学作为一种新型现代化的教学模式，如何在实践中有效组织开展好活动是众多教师正在探索的一个问题。为此，在项目化教学活动的管理中，教师之间组织项目教学活动应与其他教师相互交流、共同探讨，这有助于教师在参与项目教学中获得实践智慧和理性认识，在帮助其他教师少走弯路的同时，也可以借鉴他人经验，从他人的思考角度重新审视自我对项目化教学的某些认识，从而提升自己的教学水平，进而提高活动的有效性。

"独学而无友，则孤陋而寡闻。"深入推动项目化教学的开展，教师与教师之间的交流可以通过两个方面展开：一是教研商讨，预设课程；二是开课观摩，交流体会。

（二）教师与学生的交流

在传统的课堂教学中，由于片面强调教师的权威，教师与学生的交往常常表现出强迫性、单向性和不平等性等特点。在这种单向式的一言堂教学中，学生是被迫地处于"要我学"的状态，学生的学习主体地位也就难以实现。项目化教学过程中注重突出学生的主体地位，摒弃被动接受学习的习惯，让学生在与教师的交流互动中完成项目任务，极大地调动了学生参与的积极性。项目化教学的师生互动交流方式多种多样，主要包括：教师生动直观性的知识启发式交流、教师引导下的学生探究或教师与学生之间的对话交流等。

可以说，教学的本质是教师与学生的交流过程，其中既包含教师的教，也囊括了学生的学。因此，新课程改革下的课堂，也是学生与教师交流的和谐课堂，项目化教学中应该注重教师与学生的交流，才能使课堂充满活力，促进项目化教学的进一步开展。

（三）学生与学生的交流

在项目化教学实施过程中，除了教师与学生的交流互动外，还要树立"学为主体"的观念，引导学生之间进行交流。学生之间的项目学习交流过程是学生思维相互碰撞、相互启发补充、共享共进发展的过程。

学生与学生之间的交流一般表现为两种形式。一是讨论交流。在项目化教学过程中，学生之间相互讨论问题、释疑答惑和交流体会。二是争辩竞争。在小组之间展开项目任务完成情况的竞争，展现了合作精神与团队意识。总而言之，项目化教学要注重培养学生的交流能力，充分发挥学生的主动性，从而提高项目化教学课堂的学习效率。

（四）学生与外界的交流

在传统意义上学生习得的知识主要来自课堂，显然，这限制了学生的学习渠道。在全新的教学理念指导下，项目化教学中教师不再是学生获取知识的唯一对象，教学课堂已经延伸到学生家庭和整个社会。项目化教学要引导学生与外界社会的互动，从而使学生自己获取知识、巩固知识的渠道更宽广，为项目化教学的有效性开展添上点睛之笔，将教学理念落到实处。

三、建立评价制度，推动项目化教学的全面发展

教育评价对项目化教学而言是一个重要环节，因为它是教育体系中的一个反馈机制。信息反馈，无论对学生学习优化、对教育教学工作效率的提高、对

教学的深入开展都会起到至关重要的作用。评价是研究教师的教和学生的学的价值的过程，它不仅仅是对教学结果的评估和测量，更重要的是对教学工作深入开展的一个暗示和导向。项目化教学管理主要探讨的是从项目教学中学生和教师方面建立评价制度的问题。

（一）对学生的评价

项目化教学是以学生为主体的教学法，因此项目化教学评价也应该以人为本，促进学生的全面发展。按照培养学生综合能力的目标，项目化教学活动中对学生的评价指标体系应该体现多元化的特点，即评价内容多元化和评价方式多元化。．

其一，评价内容多元化。项目化教学活动中对学生的评价指标体系应该从项目知识水平、实践能力、项目成果以及创新性等方面来确定考核评价的内容，主要评价内容应该包括：学生参加活动的积极程度、学生知识的掌握程度和具体操作技能、独立完成项目要求的情况、与小组有效合作对课程项目各子项目任务完成情况、资料收集能力、异常问题解决能力以及教学活动过程体现出的创新性等。评价内容要尽可能多元化，体现学生知识掌握的真实性，有效激发学生的学习热情，促进学生的全面发展。

其二，评价方式多元化。项目化教学的评价方式应该结合教师评价、学生自评、学生互评等多种方式进行评价。首先，教师的指导性评价要围绕项目实施过程，关注学生个体差异。教师应该多用鼓励性语言，客观、全面地对参与项目化教学活动的学生进行评价。其次，学生自评是指作为主体的学生对自己参加项目化教学全过程的表现进行评价。学生自评有助于培养学生个人自我评价的意识和能力，有助于学生的自我实现、自我发展与完善。再次，学生互评即小组成员之间相互评价。在这一过程中，个体可能得到其他人的认可和表扬，也可能承受其他人的批评和指正。小组评价在调动学生的学习积极性、激发学生思考探索的同时，也锻炼了学生的心理承受能力。

总之，多元化的教学评价是实施项目化教学法的必然要求，它改变了传统的单一评价方式，将教学评价渗透到项目化教学的每一个环节，使教学与评价真正融为一体，做到在评价中学习、在学习中评价，充分调动学生参与学习过程的积极性，促进教与学的协调发展。

（二）对教师的评价

常言道，没有最好，只有更好。再好的项目化教学活动都有美中不足之处，只有不断提高教学质量，项目化教学才能真正获得有效发展。因此，要不断深入开展项目化教学活动，就要积极创造有利于教师发展的土壤，展开对教师组织教学过程的评价。对教师的评价可以从以下两个方面进行：

第一，学生评价。学生在项目完成后是否能取得专业能力的提升，是直接受教师的组织教学活动所影响的，所以学生是对教师的教学质量进行评价的一个重要成员。可以引导学生从教师的情感、方式、项目问题解决能力，以及对教学过程的点评能力等方面分别做出评价。诚然，学生对教师的评价是教学改进的重要方法，但由于学生本身固有的年龄阅历、主观判断和专业水平等多方面的因素会影响学生的客观评价，教师应该科学分析并采纳其教学评价结果。

第二，教研组评价。为加强项目化教学评价的科学性，有力地促进项目教学的深入开展，建立项目化教学的专业评价队伍是有必要的，同一教研组的教师可以组成一支评价队伍，负责评价的管理。同一教研组成员具有项目化教学相似的专业背景，因此有能力对项目化教学中涉及的理论知识的知识含量、难度，实践技术含量、难度，项目任务设置的准确性以及项目化教学中的教学方法等分别进行评价，促进项目化教学的推进。

第三章 项目化教学的评价设计

第一节 项目评价的分类、原则和功能

教学评价作为教学管理与指导的主要手段,可以为教师在教学决策和课堂教学上提供科学的信息和依据。建立合理的评价体系有利于达到评价目的,实现评价目标。为了获得良好的效果,项目评价必须做到既要能够对学生的学习成果进行合理公正的评价,也要关注学生学习的过程;既要加强教师的评价力度和水平,也要发挥学生自评他评的作用。要利用评价的内在激励和诊断作用,有效地帮助学生更好地认识自己、赏识自己、建立自信、正视不足,在原有的基础上有所进步。

一、评价的基本分类

(一)自我评价

自我评价是中小学项目化教学不可忽略的一项有效的评价方法。其内容包括:课前预习情况、项目思考情况、课堂的参与程度,小组交流程度等。由于自我评价的要求和难度不高,因此可以普遍地适用于各科教学,也就是说,每个学生每天都可以对自己的学习情况做一个评价记录。值得注意的是,自我评价的作用不是给自己贴上"好学生"或者"坏学生"的标签,而是通过实际的记录,感受自己平时的学习情况、学习态度,以养成良好的学习习惯。另外,通过这种评价,能够让学生及时进行反思和改善。对于教师而言,学生自我评价中的表现,能够极大程度地反映个体特征,能够帮助教师更为深入地了解学生。

(二)他人评价

为了提高评价的可信度,我们通常会提倡采用"他评"的评价方式。我们可以试想,如果单单从学生自评以及教师评价的角度来判断学生的学习过程和

结果，显然不够严密。在项目化教学中，他评的对象主要是学生所在小组的成员，小组内的接触是最为密切的，能够很好地反映学生学习过程的表现。另外，有研究表明，一段时间的他评、小组互评制度的实施，可以让学生更为清晰地了解自我，能够提高小组内部的竞争学习氛围。

（三）综合评价

在传统的综合评价中，主要做法是几个教师分别进行评价，然后把他们的分数和意见整合起来。但项目化教学的综合性评价主要是汇总前两个阶段的自评、他评的意见后再加上教师对学生的学习成果和表现的判断，最后形成总的评价，在有条件的情况下，还会加入父母的评价。除了评价主体的多样性外，在不同的评价模块中，还通过采取不同的权重，设计不同的分值。最后，还要考虑学生的个体差异，杜绝把考试作为唯一的评价方式。教师要灵活根据不同的项目要求和目标，抓住评价的关键，突出重点，对学生进行全面综合的评价。

二、评价的基本原则

对于任何一种教学而言，评价都能在最后起到画龙点睛的作用，既发掘亮点又能指出不足，是提升教育质量的重要手段。而评价原则的确定又是实施教学评价的关键性环节，直接关系到教学评价的指向和功能的发挥。这里介绍几点关于项目化教学的基本原则：准确性原则、系统性原则和针对性原则。

（一）准确性原则

只有把握了评价的准确性，才能保证评价的有效性。这个过程需要评价者多审视，忌讳直接告诉学生哪里好，哪里不好。这样不但容易打击学生的自信心，同时也容易养成学生依赖教师，缺乏自我审视能力的坏习惯。所以，在对学生进行评价时教师与学生都应尽可能做到多审视、多思考。比较好的做法是教师在评价前多与其他同行进行讨论，客观分析教学情况，充分考虑学生的认知水平，对比学生以往的学习情况，在多方面考虑和审视后再对学生的行为表现做出相应的评价，这样既能保证评价的准确性，又能较好地分析学生的个别变化。

（二）系统性原则

项目化教学评价的系统性主要是强调教学评价的过程性和结果性的统一。如果评价的对象是教师，那么主要是对其在课堂调控、引领思考、梳理检测几个方面进行系统评价；如果评价对象是学生，那么主要是对其在项目化教学中的学习方式、情感变化、学习成果进行评价。从教学系统论的观点来看，教学本身就是由多个模块拼接而来的，这种拼接是有目的、有顺序的，每一个模块环节之间都必须有机配合、相互影响，因此，在进行项目化教学评价的过程中要想全面、客观地评价教学质量和水平，就不能单单围绕结果进行评价，必须尽可能地深入教学过程中的每一环节，保证其系统性。

（三）针对性原则

在任何一类项目化教学中，它们所强调侧重的要求和内容都有所不同，如调查式强调调查过程，任务式强调任务驱动等。另外，对于不同的学科也有不同的评价内容和评价方法。因此，在不同学科不同项目类型的评价中，评价者绝不能采取"一棒子打死"的手段，用相同的眼光和标准去衡量教学质量。比较合理的做法应该是充分了解此次项目化教学的具体要求，根据其学科特点，针对性地编制出符合该学科教学实际的评价工具。

三、项目评价的基本功能

项目评价过程具有重要作用，然而，并不是每一个教育者都能认识到项目评价可以发挥的作用。首先，项目化教学的评价能够测量并判定教学效果，是教学中的一项重要内容。其次，项目化教学还能起到一定的检测作用，能够对学生的教学态度，能力、学习适应性、创造性以及学习问题做出反映，根据得到的评价结果采取相应的措施。

（一）发现问题功能

现代教学理论认为，评价是对教学的结果和过程进行综合分析的过程，是让学生和教师不断超越和提升现有状态的活动。系统而具有针对性的评价，可以让教师迅速了解各方面的情况，包括学生的学习状态、参与的深度与广度、学习效果等，以此来判断教学的成效和缺陷、矛盾和问题，达到及时发现教学问题的目的。

（二）调控修正功能

评价得到的结果必然是一种反馈信息，这种信息可以使教师及时知道自己的教学情况，也可以使学生得到学习成功和失败的体验，从而为师生调整教与学的行为提供客观依据。由此可见，评价具有强大的调控修正功能，有着不可替代的地位。教师应该根据评价的信息，反思教学的不足之处，回顾自己是否对项目的内容把握不到位，是否对学生的认知水平了解不足，是否缺乏考虑学生的学习兴趣等。值得提醒的是，评价信息越能及时反馈，对教学的调控修正作用就越明显，教学效果就越接近预期。

（三）激励前进功能

研究表明，经常对学生进行不同层次的评价，能够有效地激发学生的学习动机。在项目化教学评价中，除了应该采取教师评价、学生自评、师生互评等多元评价的形式外，教师还需要注意掌握评价的力度，不能盲目过高或过低进行评价，只有做到恰如其分才能起到唤醒、激励的作用。同时，教师不能看轻学生的自评环节，在学生的自评中，往往能看出学生的性格和自我态度，教师只要顺着学生的自我评价进行相对应的引导，必定能起到事半功倍的效果。德国教育家第斯多惠曾说："教学的艺术不在于传授本领，而在于激励、唤醒和鼓舞。"充分利用项目评价对教学过程的监督引导作用，对教师和学生会起着促进和强化的作用。

第二节　项目评价的标准

教学评价标准的确定是保证准确、全面、有效地进行评价的基础，也是使评价功能得以正常发挥的前提条件。项目化教学的评价首先应从评价对象着手，有针对性地提出主体发展的培养目标。另外，项目化教学评价的标准应该是能体现现代教学观的。加强评价的有效性和发展性，同时要坚持以学生发展为本，以科学探究为核心，以培养良好的学习素养为宗旨，为教师更好地开展项目化教学提供思路和方向。

一、评价标准的基本要素

随着课程改革的深入以及教学要求的不断提高，评价标准也有所发展。但不论评价的标准如何发展，最根本的几个要素还是要得到充分的重视，不能盲目摒弃。这几个基本要素包括：主体的参与、目标的体现、有效性的重视。这些可以为项目化教学评价奠定基础，有助于保证项目化教学评价取得基本的成效。

（一）要求评价主体参与

在项目化教学中，学生是教学开展的主体，教师是学生的顾问、教练和导演。项目化教学的根本目的是促进每一位学生的发展，它的评价应以促进学生全面发展、教师教学能力不断提高，以及教学质量不断改善为标准。

在传统的课堂教学中，我们更多地强调教师对知识的传授以及教师的主导作用。因此，在进行教学评价的过程中，主要关注教师的课堂表现，关注教师是怎么讲的，是否讲得精彩，却很少关注学生的学习表现。但现在看来，这样的评价是偏移了"以学生为主体"的新课程理念的。新课程标准提出教学评价应侧重以学生的发展为本，除了关注学生学习的结果，更应强调学习的过程，尽可能地帮助学生认识自我、发展自我。摒弃单纯评价教师的片面做法，把评价的重心转移到学生身上，让学生通过项目化教学的评价更快更好地改善自己，得到提高。

（二）加强目标评价体现

美国心理学家加涅将教学目标做了以下几个分类：言语信息、智慧技能、认知策略、动作技能、态度。教学目标评价是教学评价的一个重要的环节，通常衡量一节课是不是真的有效，首先要看的就是教学目标是不是真正地落实和达成。研究表明，在教学目标的评价上，有两个常见问题。第一，教师狭隘地理解教学目标。在过去的传统教学中，教师仅仅把知识技能作为唯一的教学目标，过分地忽略学生的情感价值观以及教学的过程方法，以至于在教学目标评价上造成单一机械的误差，缺少对学生情感价值等全方位的评价。第二，在教师过分地干预教学下，学生单独完成项目目标的能力比较差，以至于极少有教师愿意就学生单独完成项目目标的程度进行评价。

（三）实现评价有效性

苏联教育家苏霍姆林斯基说："如果学生在掌握知识的道路上，没有迈出哪怕是小小的一步，那对他来说，这是一堂无益的课。无效的劳动是每个教师和学生都面临的最大的潜在危险。"项目评价的有效性，可以是教学目标的实现，可以是学生动手、动脑解决问题能力的提高，还可以是学习热情的激发等。但"有效性"是很难把握的，哪怕是富有经验的教师也难以保证每一次的项目化教学都能达到一定的有效性。因此，比较好的解决方法是多做评价反思。中国著名教育家叶澜曾说："一个教师写一辈子的教案不一定成为名师，如果一个教师写三年反思有可能成为名师。"每一次教学评价，教师都应该反思自己是否考虑了整体性，是否对某部分群体进行有针对性的评价引导，是否充分地考虑学生的能力需求和情感变化等。只要持之以恒，教师自然而然地就能够更好地进行项目评价，增强评价的有效性。

二、评价标准的指标

教学评价对于课堂教学具有极大的调控功能，有利于提高教学质量，适应教学改革的要求。任何教学实践都离不开评价，而要进行评价，关键是建立一套科学合理、切实可行的评价指标体系。虽然每一门科目的性质各异，评价目的与要求不同，要制定一套具有广泛适应性的评价体系是困难的，但是它们都有一定的共同之处。教学评价指标的建立是为了能够反映教学过程中某方面的行为特征的。通过分析其本质原因，巧妙地利用指标引导教学行为，最终提高教学质量。

（一）课堂教学评价指标

在项目化教学的评价指标中，我们通常分为两个模块：一是对学生学习情感态度的评价，二是对学生学习能力表现的评价。就学习的情感态度而言，项目化教学评价主要包括以下几个要素：兴趣、态度、动机、自信心、自主性和意志。项目化教学目的是让教师根据学生的需求在课堂上确立相宜的教育观，转变教育观念。在项目化教学的课堂上"巧用教材"，积极调动学生自主学习的兴趣和积极性。就能力表现而言，主要是评价学生的课堂适应性，分析学生对课程的理解程度，以及学以致用的能力。除此之外，为了更好地发挥教学评价的作用，项目化教学在设计评价表时，在一般的评价指标以外还会增加"意见与建议"这一项。项目化教学由评价者对评价对象的教学行为进行定性分析评价，并提出因人而异的教学建议。

（二）角色态度评价指标

"以人为本，以学生的发展为本"的人文主义观念，强调在教学的过程中除了关注学生的认知因素，还不能忽略引导学生构建学习角色，培养良好的情感态度，树立正确的价值观。现代教育表明，把关注学生情感态度有机地贯穿于教学内容中去，并有意识地贯穿于教学过程，有利于发展学生的兴趣、动机、自信心和合作精神。合作学习是项目化教学一个鲜明特征，因此在角色态度的评价中，除了要对学生"学习者"的角色进行评价外，还应以"合作者"的角色对其进行评价，加强学生的合作交际能力。

（三）教学成果评价指标

项目化教学法是通过实施一个完整的学习项目而进行的教学活动，有效地把理论与实践有机地结合起来，充分发掘学生创新思维的同时，提高学生解决实际问题的综合能力。对于项目化教学而言，项目成果是整个评价系统中的关键部分，在项目实施的过程中，教师将需要解决的问题或需要完成的任务以项目的形式交给学生，由他们按照实际工作的完整程序，共同制订计划，共同或分工完成整个项目。由此可见，项目成果的评价对于教师和学生而言都具有重要的客观意义，是评价的重要依据之一。

三、评价标准的要求

项目化教学评价标准应该是具备真实性、全程性、多元性以及多样性特点的一种指导。这要求在制订评价标准时要致力于将教学过程、教学情境以及学生表现融为一体，能够关注学生的学习方式、思维逻辑、人际交流能力。学生是独立的个体，评价的标准也应考虑个性差异评价问题，以多角度、多形式的评价激发学生展现自身能力和特长，增强项目化教学的创造性。

（一）重视发展，实现评价功能

教育要面向现代化、面向世界、面向未来。在项目化教学的评价中要强调素质教育，关注学生掌握知识、技能的过程和方法，加强个人良好学习品质和个性的形成。评价不单单是一种定位与鉴别，更应该是一种促进手段，要能够帮助学生学习，促进教师专业能力的发展。

（二）重视过程，突出评价重点

对于学生而言，即便学习的结果很好，但过程仍会有需要继续改进的地方，单单只有终结性评价是远远不够的，项目化教学的评价应该贯穿于教学活动的每一个环节，只有结合具体情况，深入关注学生的学习过程，并及时对其进行诊断，了解学生的发展需要，才能帮助学生尽可能地在原有的基础上提升自己。

（三）重视差异，保证评价多元化

每一位学生都是一个独立个体，由于从小到大的生活环境、认知水平以及理解能力上的差异，造成了每个学生都有不同的优势和发展特点。因此，在项目化教学评价过程中，首先要承认和尊重学生的差异性。在设定评价标准时，切忌单一和机械，忽视学生的个体差异和个性发展，要适当地顾及学生的自我发展方向和学习需求等方面的差异。依据学生生理特点、兴趣爱好等，全方位对学生进行评价，让每个学生都能得到属于自己的评价。除此以外，项目化教学的课堂也是变化的，每一层次内容的学习对于不同学生而言都有不同的难度体现，从而产生不同的效果，由此更不能采取"一刀切"的评价标准。

第三节　项目评价的方法

随着应试教育向素质教育、接受教育向独立教育的转变以及新课程理念的发展演变，更多的学者对教学评价方法提出了新的要求。面对这样的形势，项目化教学评价提出了自己的一些新对策。首先，在评价上要有针对性，不能泛泛而谈，要找准学生的问题，做到一针见血。其次，要多采用激励表扬的方式指导学生，让学生在爱的关怀下得到启发，得到进步。

（一）准确性评价，摆正位置

教学评价是根据教学目的和教学要求，利用所有可行的评价方法及技术对教学过程及预期的一切效果给予价值上的一种判断。这种判断必须尽可能地准确。准确性是项目化教学评价的灵魂。这要求教师要有睿智的思想和敏锐的目光，能够透过项目化教学的过程以及学生完成的项目成果，从中分析归纳出学生的本质、发展规律和特点，从而对其进行评价。这种评价并不是简单的对或者错，或者一味地肯定或批评，而是客观地提醒引导学生，为他们提出建议，让他们在以后的学习中更准确地找到自己的发展方向。

（二）表扬性评价，赏识鼓励

德国教育家第斯多惠曾说："教学的艺术不在于传授本领，而在于激励、唤醒和鼓舞。"在项目化教学评价中，表扬评价是一种最常用、最简便而又必不可少的基本评价方法。对于学生而言，教师的激励，特别是有针对性的、具体的表扬评价，能够极大地激发学生的潜能，使他们的心智开启。

教师的表扬性评价可以在项目实施过程中进行，也可以在总结反思中提及；可以是一个动作、一些语言、一份关心。然而这些细小的评价能让学生及时发现自身的闪光点，增强自信心，体验到学习的喜悦。但值得提醒的是，表扬评价必须有"度"，千万不可滥用。如果每次学生的发言或者完成基本任务都能得到表扬，那么这一评价就会失去应有的价值和意义。

（三）激励性评价，超越自我

激励性评价是项目化教学中比较常用的一种评价方式，着眼于激发学生学习的积极性和主动性，促进学生形成健康、奋进、知难而上的良好学习心理。对于教师而言，采用激励性评价，可以适当地参考以下几种做法。第一，信任激励。俗话说，"信任是最好的褒奖"。教师的信任是对学生人格的一种尊重，同时是对学生的一种肯定。教师在项目化教学评价中，给予学生绝对的信任，能够让学生在学习的过程中表现得更为大胆，勇于提出问题，激发创新思维。另外，教师表现出的信任有助于拉近师生之间的距离，活跃学习气氛。第二，对比激励。这里的"对比"主要是指学生初始状态与学习后的状态之间的对比。通过这种对比，让学生感受自己的变化，这种变化不单单指项目成果的大小，还包括交际能力、学习能力、创新能力、合作能力等方面的发展，让学生看到自己在各个方面不同程度的进步，从而不断超越自我。

第四章　信息技术概论

第一节　计算机基础知识

信息、物质和能源组成了人类社会物质文明的三大要素。现代社会已经进入了信息时代，信息资源成为全球经济竞争的关键资源和独特的生产要素，成为社会进步的主要动力。以开发和利用信息资源为目的的信息产业已经成为国民经济的重要组成部分，信息技术也成为一个国家科学技术水平的重要标志。以计算机技术为核心的信息技术，已经被广泛应用到社会生活和国民经济的各个领域。计算机已经成为当前使用最为广泛的现代化工具之一，其广泛应用也促进了信息技术革命的又一次到来。

一、计算机的诞生与发展

现代计算机是从古老的计算工具一步一步发展而来的。早在原始社会，人类就用结绳、垒石或枝条作为辅助计数和计算的工具。在我国，春秋时代就有用算筹计数的"算筹法"。在唐末，出现了珠算盘（简称算盘）。算盘是我国人民独特的创造，是一种彻底采用十进制的计算工具。19 世纪，英国数学家查尔斯·巴贝奇提出了通用数字计算机的基本设计思想，于 1834 年发明了分析机。巴贝奇设计的分析机，拥有可扩展的内存、一个中央处理器、微指令，并使用穿孔卡来编程。在现代电子计算机诞生 100 多年前，巴贝奇已经提出了几乎完整的计算机设计方案，因此，他被称为"计算机之父"。

（一）电子计算机的诞生

世界上第一台真正意义上的电子计算机是 1946 年 2 月 14 日在美国宾夕法尼亚大学诞生的，它的名字叫埃尼阿克（Electronic Numerical Integrator And Calculator，ENIAC）。20 世纪 40 年代初，第二次世界大战战事正酣，武器研究中复杂的数学计算问题需要更先进的计算工具来解决。此时，无线电技术和无线电工业的发展为电子计算机的研制准备了充足的物质基础。1943 年，美国陆军部弹道研究室把研制世界上第一台电子计算机的任务交给了美国宾夕法尼亚大学，由物理学家莫奇利博士和埃克特博士领导的研究小组设计制造。该机于 1946 年 2 月正式通过验收并投入运行，一直服役到 1955 年。这台计算机的计算速度为 5000 次 /s，大约使用了 18000 个电子管、1500 个继电器，占地约 170m^2，重 30t，功率达到 150kW。ENIAC 的主要缺点是存储容量太小，只能存 20 个字长为 10 位的十进制数，基本上不能存储程序，要用线路连接的方法来编排程序，每次解题都要依靠人工改接连线来编程序，准备时间远远超过实际计算时间。ENIAC 是世界上第一台开始设计并投入运行的电子计算机，但还不具备现代计算机的主要原理特征——存储程序和程序控制。

世界上第一台按存储程序功能设计的计算机叫作离散变量自动电子计算机（Electronic Discrete Variable Automatic Computer，EDVAC），它是由曾担任 ENIAC 小组顾问的著名美籍匈牙利数学家冯·诺依曼博士领导设计的。EDVAC 于 1946 年开始设计，于 1950 年研制成功。与 ENIAC 相比，EDVAC 的主要改进有两点：一是采用了二进制，简化了计算机的内部构造；二是使用汞延迟线做存储器，指令的程序可存入计算机内部，提高了运行效率。在此之前，冯·诺依曼发表的题为《电子计算机装置逻辑结构初探》的论文，首次提出了电子计算机中存储程序的概念，提出了构造电子计算机的基本理论。EDVAC 由运算器、逻辑控制装置、存储器、输入部件和输出部件五部分组成。EDVAC 使用二进制并实现了程序存储，把包括数据和程序的指令以二进制代码的形式存入计算机的存储器中，保证了计算机能够按照事先存入的程序自动运算。冯·诺依曼提出的存储程序和程序控制的理论，以及计算机硬件基本结构和组成的思想，奠定了现代计算机的理论基础。计算机发展至今，整个四代计算机统称为"冯氏计算机"，世人也称冯·诺依曼为"计算机之父"。

（二）电子计算机的发展

根据计算机采用的电子元器件的不同，电子计算机的发展经历了第一代电子管计算机、第二代晶体管计算机、第三代中小规模集成电路计算机、第四代大规模和超大规模集成电路计算机四个阶段，现在正在向智能计算机和神经网络计算机的方向发展。各代计算机在时间上有交叉。

1. 第一代计算机（从 ENIAC 问世至 20 世纪 50 年代中期）

在第一代计算机中，除了 ENIAC，其他都是按存储程序控制原理设计的，代表产品是通用自动计算机（Universal Automatic Computer，UNICAC Ⅰ）。

它于 1951 年 6 月研制成功并正式交付美国人口统计局使用。UNIVAC Ⅰ是世界上首批商品化生产的电子计算机。自此以后，计算机从实验室走向社会，由单纯为军事服务变为开始为社会公众服务。计算机界把 UNIVAC Ⅰ的推出看成计算机时代的真正开始。其他产品，如 IBM 公司的 IBM 701（1953 年 4 月）、IBM 650（1954 年 11 月）都是这一代的主要计算机。第一代计算机的主要特征：采用电子管作为基本器件，用光屏管或汞延时电路做存储器，输入输出主要采用穿孔纸带或卡片；软件还处于初始阶段，使用机器语言或汇编语言编写程序，几乎没有什么系统软件；计算机笨重，功耗大，运算速度低，存储容量不大，机器的可靠性也差，并且维护使用困难，价格很昂贵。这一代计算机主要用于科学计算。

2. 第二代计算机（20 世纪 50 年代中期至 20 世纪 60 年代中期）

1956 年研制成功的第一台晶体管计算机——Lcprcchan，标志着晶体管计算机时代的开始。用晶体管代替电子管逻辑元件，具有速度快、寿命长、体积小、重量轻、耗电少等优点。接着，全晶体管计算机 UNIVAC Ⅰ问世，引起了市场的强烈反响。第二代计算机的代表产品还有 IBM 公司的 IBM 7090（1959 年 11 月）、IBM 7094（1962 年 9 月）、IBM 7040（1962 年）、IBM 7044（1963 年）等。这一代计算机的主要特征是使用晶体管元件作为电子器件，开始使用磁芯和磁鼓做存储器，产生了 FORTRAN（1957 年）、COBOL（1960 年）、ALGOL 60、PL/1 等高级程序设计语言和批量处理系统，为更多的人学习和使用计算机铺平了道路。与第一代计算机相比，第二代计算机各方面性能都有了很大的提高，体积大大缩小，重量、功耗大为降低，运算速度加快，内存容量增加。由于高级语言的产生，使计算机的应用领域大大拓展，不仅用于科学计算，还用于数据处理和事务处理，并逐渐应用于工业控制上。

3. 第三代计算机（20 世纪 60 年代中期至 20 世纪 70 年代初期）

20 世纪 60 年代中期，半导体制造工艺的发展产生了集成电路，计算机就开始采用中小规模集成电路作为计算机的主要元件，故第三代计算机又称中小规模集成电路计算机。代表产品有 IBM 公司的 IBM 360（中型机）、IBM 370（大型机），美股数字设备公司（DEC）的 PDP-11 系列小型计算机等。第三代计算机的主要特征是采用中小规模集成电路作为计算机电子器件，主存储器开始采用半导体存储器。外存储器有磁盘和磁带等。操作系统的出现及逐步完善，使计算机的功能越来越强，应用范围越来越广。在这个过程中，出现了计算机与通信技术的结合，从而产生了实时联机系统和分时联机系统。由于采用了中小规模集成电路，计算机的体积缩小，功耗进一步降低，可靠性和运算速度进一步提高。在这一时期里，计算机不仅用于科学计算，还用于企业管理、自动控制、辅助设计和辅助制造等领域。

4. 第四代计算机（20 世纪 70 年代初期至今）

1971 年起，大规模集成电路制造成功，使计算机进入了第四代——大规模、超大规模集成电路计算机时代。这一代计算机：体积进一步缩小，性能进一步提高，机器的性价比大幅度提升；普遍使用大规模集成电路的半导体存储器作为内存储器，集成度大体上每 18 个月翻一番（摩尔定律）；发展了并行处理技术和多机系统，产品更新的速度加快；软件配置空前丰富，软件系统工程化、理论化，程序设计自动化，是软件方面的主要特点。在研制出运算速度为每秒几亿次、几十亿次甚至百亿次的巨型计算机的同时，微型计算机的产生、发展和迅速普及是这一时期的一个重要特征。

计算机的应用已经涉及人类生活和国民经济的各个领域，已经在办公自动化、数据库管理、图像识别、语音识别、专家系统等众多领域中大显身手，并且进入了家庭。

5. 未来计算机

未来计算机为新一代计算机，是对第四代计算机以后的各种未来计算机的总称。新一代计算机，将向智能化方向发展，将突破当前计算机的结构模式，更注重逻辑推理或模拟人的"智能"。它是支持逻辑推理和知识库，能够最大限度地模拟人类思维，具有人类大脑特有的联想、思考等某些功能，把信息采集、存储、处理、通信和人工智能结合在一起的智能计算机。可以预言，新一代计算机的研制成功和应用，必将对人类社会的发展产生更深远的影响。各国研究人员正在加紧研发新的计算机：

①光计算机：利用纳米电浆子元件作为核心来制造，通过光信号来进行信息运算，即利用光作为载体进行信息处理，又称为光脑。

②量子计算机：不使用 1 或 0 的电子比特信息，采用量子机械效应而建立量子比特。它是一类遵循量子力学规律进行高速数学和逻辑运算、存储及处理量子信息的物理装置。若某个装置处理和计算的是量子信息，运行的是量子算法，它就是量子计算机。

③纳米计算机：将纳米技术运用于计算机领域所研制出的一种新型计算机。应用纳米技术研制的计算机内存芯片，其体积不过数百个原子大小，相当于人的头发丝直径的千分之一。与传统的电子计算机相比，采用纳米技术生产芯片

成本十分低廉，只需在实验室里将设计好的分子合在一起，就可以制造出芯片，将会大大降低生产成本。

④生物计算机：又称仿生计算机，是以生物芯片取代半导体硅片上集成数以万计的晶体管制成的计算机。它的主要原材料是生物工程技术产生的蛋白质分子，并以此作为生物芯片。

⑤DNA计算机：一种生物形式的计算机。它是利用DNA（脱氧核糖核酸）建立一种完整的信息技术形式，以编码的DNA序列（通常意义上计算机内存）为运算对象，通过分子生物学的运算操作解决复杂的数学难题。与传统的电子计算机相比，它体积小、存储量大、运算快、耗能低，能实现并行工作，提高效率。

在未来社会中，计算机、网络、通信技术将会三位一体化。21世纪的计算机将把人从重复、枯燥的信息处理中解脱出来，从而改变人类的工作、生活和学习方式，给人类拓展更大的生存和发展空间。

二、计算机的特点和分类

（一）计算机的特点

计算机是一种高度自动化的信息处理设备。作为一种计算工具或信息处理设备，计算机具有以下特点：

1. 运算速度快

计算机数据处理速度相当快，而且其运行速度在以每隔几个月提高一个数量级的速度快速发展。计算机的运算速度（或称处理速度）以每秒钟可执行多少百万条指令（MIPS，10^6）和多少亿条指令（BIPS，10^9）来衡量。巨型机的运行速度可达数百万亿次。计算机这么高的数据处理（运算）速度是其他任何处理（计算）工具无法比拟的，过去需要几年甚至几十年才能完成的复杂运算，现在只要几天、几小时甚至更短的时间就可完成。这是计算机广泛使用的主要原因之一。

2. 计算精度高

数据在计算机内部是用二进制数编码的，数的精度主要由表示这个数的二进制码的位数决定。现代计算机的计算精度相当高，能满足复杂计算对计算机精度的要求。字长越长，计算机的计算机精度越高。若所计算数据的精度要求特别高，可选择字长更长的计算机。

3.记忆能力强

电子计算机的存储器类似于人的大脑，可以"记忆"（存储）大量的数据和计算程序。计算机的存储器可以存放原始数据、中间结果、程序指令等，用户不但可以随时存入数据，还可以随时取出数据。计算机的存储性是计算机区别于其他计算工具的重要特征。

4.可靠的逻辑判断能力

具有可靠的逻辑判断能力是计算机的一个重要特点，是计算机能实现信息处理自动化的重要原因。冯·诺依曼结构计算机的基本思想，就是先将程序输入并存储在计算机内，在程序执行过程中，计算机会根据上一步的执行结果，运用逻辑判断方法自动确定下一步该做什么，应该执行哪一条指令。能进行逻辑判断，使计算机不仅能对数值数据进行计算，也能对非数值数据进行处理，从而广泛应用于非数值数据处理领域，如信息检索、图形识别及各种多媒体应用等。

5.可靠性高，通用性强

由于采用了大规模和超大规模集成电路，计算机具有非常高的可靠性，可以连续无故障地运行几个月甚至几年。现代计算机不仅可用来进行科学计算，也可用于数据处理、工业实时控制、辅助设计和辅助制造、办公自动化及计算机网络通信等，通用性非常强。

（二）计算机的分类

计算机有很多种类，根据计算机的类型、工作方式、构成器件、操作原理、应用环境等，可有不同的分类方法。

1.按处理数据的表示划分

计算机按处理数据的表示可分为数字计算机、模拟计算机和混合计算机。

数字计算机指用于处理数字数据的计算机。其特点是输入输出的数据都是用 0 和 1 组成的离散的二进制数字量表示的，具有逻辑判断功能。其特点是精确度高，速度快，应用范围广泛。

模拟计算机处理的是连续的电压、温度等模拟数据，参与运算的数据是连续的，其特点是计算精度较低，速度慢，应用范围较窄。

混合计算机是指将模拟技术和数字技术结合在一起的电子计算机。输入输出的既可以是数字数据也可以是模拟数据。

2. 按计算机用途划分

根据计算机用途不同，计算机分为专用计算机和通用计算机。

①专用计算机用于解决某一特定方法的问题，配有专门开发的软件和硬件。其特点是针对性强、特定服务、专门设计，适合于实时体系，但适应性较差，不适于其他方面的应用。

②通用机适合用于解决各类问题，在科学计算、数据处理、过程控制等领域都有广泛应用。

3. 按计算机规模划分

计算机规模用计算机的一些主要技术指标来衡量，如字长、运算速度、存储容量、输入输出能力、价格高低等。按照 1989 年由电气与电子工程师协会（IEEE）提出的分类法，一般把计算机分为巨型机、大型机、小型机、工作站和微型计算机。

①巨型机通常是指最大、最快、最贵的计算机。它主要用于国民经济和国家安全的尖端科学技术研究领域，如模拟核爆炸、天气预报、地震探测等，一般用于科学计算。它的技术是衡量一个国家科技发展水平的重要标志。我国研制的银河计算机属于巨型机。

②大型机配置高档，性能优越，可靠性好，具有较高的运算速度和较大的存储容量，但价格昂贵，一般用于金融、证券等大中型企业数据处理或用作网络服务器。不过随着微机与网络的迅速发展，大型主机正在走下坡路。许多计算中心的大机器正在被高档微机群取代。

③在集成电路推动下，20 世纪 60 年代 DEC 公司推出一系列小型机如 PDP-11 系列、VAX-11 系列，惠普（HP）公司有惠普 1000、3000 系列等。通常小型机用于部门计算，但也受到高档微机的挑战。

④工作站使用大屏幕、高分辨率的显示器，有大容量的内外存储器，而且大都具有网络功能。它的用途也比较特殊，如用于计算机辅助设计、图像处理、软件工程及大型控制中心。工作站与高档微机之间的界限并不十分明确，而且高性能工作站正接近小型机。

⑤微型机，又称作个人计算机（PC），是目前发展最快、应用最广泛的计算机。其特点是通用性好、体积小、灵活性大、价格便宜、使用方便，主要在办公室、家庭中使用。目前的微型机有台式机、电脑一体机、笔记本电脑、掌上电脑（PDA）等。

三、计算机的性能指标

评价计算机的性能是一个复杂的问题。早期只用字长、运算速度和存储容量三大指标来衡量计算机的运行速度。实际使用证明，只考虑这三个指标是不够的。计算机的主要性能指标有：

（一）主频

主频即时钟频率，是指计算机 CPU 在单位时间内发出的脉冲数。它在很大程度上决定了计算机的运行速度。主频的单位是兆赫（MHz），如 486DX/66 的主频为 66MHz，Pentium 100 的主频为 100MHz。如今，CPU 的主频一般都在 1GHz 以上。

（二）内存容量

内存储器中能存储的信息总字节数称为内存容量。所谓字节（Byte），是指作为一个单位来处理的一串二进制数位。通常以 8 个二进制位（bit）为一个字节。每 1024 个字节称为 1K 字节（1KB）。计算机内存容量越大，处理数据的范围越广，运算速度一般也越快。

（三）字长

在计算机中，作为一个整体被传送和运算的一串二进制代码叫一个计算机字，简称字。一个字所含的二进制位数称为字长。字长是指计算机的运算部件能同时处理的二进制数据的位数，它与计算机的功能和用途有很大的关系。字长决定了计算机的运算精度，字长越长，计算机的运算精度就越高。因此，高性能计算机的字长较长，而性能较差计算机的字长要短一些。字长是衡量计算机性能的一个重要因素，字长越长，计算机的运算速度越快。字长决定了指令直接寻址的能力。一般机器的字长都是字节的 1、2、4、8 倍，如 16 位机（2个字节）、32 位机（4 个字节）、64 位机（8 个字节）。

（四）存储周期

把信息代码存入存储器，称为"写"；把信息代码从存储器中取出，称为"读"。存储器进行一次"读"或"写"操作所需的时间称为存储器的访问时间（或读写时间）。连续启动两次独立的"读"或"写"操作（如连续的两次"读"操作）所需的最短时间，称为存取周期（或存储周期）。目前微型机的内存储器都由超大规模集成电路技术制成，其存取周期很短，约为几十纳秒（ns）。

（五）运算速度

运算速度是一项综合性的性能指标，其单位是 MIPS（百万条指令／秒）。因为各种指令的类型不同，执行不同指令所需的时间也不一样。过去以执行定点加法指令为标准来计算运算速度，现在用一种等效速度或平均速度来衡量。等效速度是由各种指令平均执行时间及相对应的指令运行比例计算得出来的，即用加权平均法求得。影响机器运算速度的因素很多，主要是 CPU 的主频和存储器的存取周期。

衡量一台计算机系统的性能指标很多，除上面列举的五项指标外，还应考虑机器的兼容性（包括数据和文件的兼容、程序兼容、系统兼容和设备兼容）、系统的可靠性（平均无故障工作时间）、系统的可维护性（平均修复时间）、机器允许配置的外部设备的最大数目、计算机系统的汉字处理能力、数据库管理系统及网络功能等。性价比是一项综合性评价计算机性能的指标。

四、计算机的应用领域

计算机的应用已经渗透到人类社会生活的各个领域。它不仅在科学研究和工业、农业、林业、医学等自然科学领域得到广泛的应用，而且在社会科学各领域及人们的日常生活中也得到了广泛的应用。计算机已成为未来信息社会的强大支柱。在信息社会，计算机的应用领域还在逐步扩大。

（一）科学计算

计算机最早应用于科学计算方面，主要是应用于完成科学研究和工程技术中所提出的数学问题（数值计算）。在科学技术和工程设计中，有各类复杂的数学计算问题，如核反应方程式、卫星轨道、材料结构受力分析等的计算，飞机、汽车、船舶、桥梁等的设计计算。这些问题的计算工作量很大，用一般的计算工具，靠人工来计算是不可想象的，而用高速、大型计算机就能快速、及时、准确地获得计算结果。随着计算机技术的发展和应用的普及，用于科学计算方面的比重在逐年下降，但至今仍是一个主要的应用方面。用于科学计算方面的计算机要求速度快、精度高、存储容量大，一般为巨型机。

（二）信息管理

信息管理是指以计算机技术为基础，对大量数据进行加工处理，形成有用的信息。信息管理是非数值计算形式的数据处理，泛指非科技工程方面的所有计算、管理和任何形式数据资料的处理，包括办公自动化（OA）、管理信息系统（MIS）、专家系统（ES）等，用于企业管理、库存管理、报表统计、情报检索、公文函件处理等。其特点是要处理的原始数据量大，而算术运算较简单，有大量的逻辑运算与判断，结果要求以表格或文件形式存储、输出。其应用深入经济、市场、金融商业、财政、教育、档案、公安、法律、行政管理、社会普查等各个方面。在以后相当长的时间里，数据和事务处理仍是计算机特别是微型计算机最主要的应用领域。信息管理是当今信息化社会中计算机应用最广泛的领域。

（三）过程控制

过程控制又称实时控制，是指用计算机及其采集的检测数据，按最佳值迅速地对控制对象进行自动控制或自动调节。过程控制对计算机速度的要求不高，但要求可靠性高，否则将生产出不合格的产品，甚至造成重大的设备或人身事故。把计算机用于生产过程的实时控制，可大大提高生产自动化水平，提高劳动生产率和产品质量，降低生产成本，缩短生产周期。计算机过程控制已在冶金、石油、化工、水电、机械和航天等重工业或有严重污染的领域得到广泛应用。

（四）计算机辅助系统

计算机辅助系统是指通过人机对话，使计算机辅助人们进行设计、加工、计划和学习等工作。

计算机辅助设计（Computer Aided Design，CAD），是指利用计算机来帮助设计人员进行设计工作。它的应用大致可以分为两个方面：一是产品设计，如飞机、汽车、船舶、机械设备、电子产品及大规模集成电路等的设计；二是工程设计，如土木、建筑、水利、矿山、铁路、石油、化工等工程设计。计算机辅助设计系统除配有一般外部设备外，还应配备图形输入设备（如数字化仪）、图形输出设备（如绘图仪）及图形语言、图形软件等。设计人员可借助这些专用软件和输入输出设备把设计要求或方案输入计算机，通过相应的应用程序进行计算机处理后把结果显示出来。设计人员还可用光笔或鼠标器对方案进行修改，直到满意为止。

计算机辅助制造（Computer Aided Manufacturer，CAM），是指利用计算机进行生产设备的管理、控制与操作，从而提高产品质量，降低成本，缩短生产周期，还能大大改善制造人员的工作条件。

计算机辅助教育（Computer Based Education，CBE）是指用计算机对学生的教学、训练和对教学事物的管理。它包括计算机辅助教学（Computer Aid

Instruction，CAI）和计算机辅助教育管理（Computer Managed Instruction，CMI）。多媒体技术和网络技术的发展推动了 CBE 的发展。

计算机辅助测试（Computer Aided Test，CAT），是指利用计算机来进行复杂而大量的测试工作。另外，还有计算机集成制造系统（Computer Integrated Manufacturing System，CIMS）。

（五）计算机网络与通信

计算机通信是一项重要的计算机应用领域。早期的计算机通信是计算机之间的直接通信，即把两台或多台计算机直接连接起来，主要的联机活动是传送数据（发送 / 接收信息和传送文件）。后来使用调制解调器，通过电话线，配以适当的通信软件，在计算机之间进行通信，通信的内容除了传送数据外，还进行实时会谈、联机研究和一些联机事务。

计算机网络技术的发展，促进了计算机通信应用业务的开展。目前，完善计算机网络系统和加强国际信息交流已成为世界各国经济发展、科技进步的战略措施之一，因而世界各国都特别重视计算机通信的应用。多媒体技术的发展，给计算机通信注入了新的内容，使计算机通信由单纯的文字数据通信扩展到音频、视频和活动图像的通信。互联网的迅速普及，使诸如网上会议、网上医疗、网上理财、网上商业等通信活动进入了人们的生活。进入 21 世纪，随着全数字网络——综合业务数字网（Integrated Service Digital Network，ISDN）的广泛应用，计算机通信进入了高速发展的阶段。

五、计算机的发展趋势

计算机技术是世界上发展最快的科学技术之一，产品不断升级换代。未来的计算机将向"巨"（巨型化）、"微"（微型化）、"网"（网络化）、"智"（智能化）的方向发展。

（一）巨型化

巨型化主要指功能巨型化。它是指高速运算、大储存容量和强功能的巨型计算机。巨型计算机主要应用于天文、气象、地质和核反应，以及航天飞机、卫星轨道计算等尖端科学技术领域。研制巨型计算机的技术水平是衡量一个国家科学技术和工业发展水平的重要标志，因此工业发达国家都十分重视巨型计算机的研制。

（二）微型化

微型化是指利用微电子技术和超大规模集成电路技术，实现计算机体积的微型化。由于大规模和超大规模集成电路的飞速发展，微处理器芯片连续更新换代，微型机以价格低、软件丰富、操作简单的优势很快普及家庭及社会的各个领域。笔记本和掌上型计算机的大量面世和使用，是计算机微型化的一个标志。

（三）网络化

计算机网络化，是指用现代通信技术和计算机技术把分布在不同地点的计算机互联起来，组成一个规模大、功能强的可以互相通信的网络结构。随着计算机应用的深入，特别是家用计算机的普及，众多用户希望能共享信息资源，也希望各计算机之间能互相传递信息进行通信。今天，计算机网络可以通过卫星将远隔千山万水的计算机联入国际互联网络。当前发展很快的微机局域网正在现代企事业管理中发挥越来越重要的作用。计算机网络是信息社会的重要技术基础。

（四）智能化

计算机智能化是指计算机处理智能化。它就是要求计算机具有模拟人的感觉和思维过程的能力，可以进行"看""听""说""想""做"，具有逻辑推理、学习与证明的能力，也是目前正在研制的新一代计算机要实现的目标。智能化的研究包括模拟识别、物形分析、自然语言的生成和理解、博弈、定理自动证明、自动程序设计、专家系统、学习系统和智能机器人等。

第二节　数据在计算机中的表示和存储

一、数值及其转换

计算机最基本的功能就是对数据进行存储和处理，但到目前为止，计算机仍不能自动识别和处理人类的语言、文字和图像等形式的数据，必须把原始的数据进行某种转换，计算机才能识别和处理。计算机中的数据都是以二进制数的形式表示和存储的，因此我们首先要了解数制。

（一）进位计数制

所谓进位计数制，是指用进位的方法进行计数的一种方法。它有两个基本要素：基数和位权。

基数：数制中所用到的数码的个数。R 进制中具有 R 个数码，它们是 0，1，2，…，R-1。例如，二进制基数为 2，用来表示二进制的数码为 0、1。

位权：处于不同数位的数码代表的数值不同，对每一个数位赋予不同的位值，称为位权。例如，约定整数最低位的序号为 i=0（i=n，…，2，1，0，-1，-2，…），R 进制数的第 i 位的位权为 R_i。

（二）常用的数制

十进制：用 0，1，2，3，4，5，6，7，8，9 这 10 个数码表示所有的数，基数是 10。其特点为逢十进一，用末尾加字符 D 表示，如 345.12D 或（345.12）10。十进制数 345.12 按位权展开为

$$345.12D = 3 \times 10^2 + 4 \times 10^1 + 5 \times 10^0 + 1 \times 10^{-1} + 2 \times 10^{-2}$$

二进制：用 0，1 两个数码表示所有的数，基数是 2。其特点为逢二进一。末尾加字符 B 表示，如 101.01B 或（101.01）2。二进制数 101.01 按位权展开为

$$101.01B = 1 \times 2^2 + 0 \times 2^1 + 1 \times 2^0 + 0 \times 2^{-1} + 1 \times 2^{-2}$$

八进制：用 0，1，2，3，4，5，6，7 这 8 个数码表示所有的数，基数是 8。其特点为逢八进一，用末尾加字符 O 表示，如 723.26O 或（723.26）8。八进制数 723.26 按位权展开为

$$723.26 = 7 \times 8^2 + 2 \times 8^1 + 3 \times 8^0 + 2 \times 8^{-1} + 6 \times 8^{-2}$$

十六进制：用 0，1，2，3，4，5，6，7，8，9，A，B，C，D，E，F 这 16 个数码表示所有的数，基数是 16。其特点为逢十六进一，用末尾加字符 H 表示，如 A39.C6H 或（A39.C6）16。十六进制数 A39.C6 按位权展开为

$$A39.C6H = A \times 16^2 + 3 \times 16^1 + 9 \times 16^0 + C \times 16^{-1} + 6 \times 16^{-1}$$

（三）数制转换

尽管计算机中的信息都以二进制数的形式表示，但人们仍然习惯于十进制，为了表示方便也引入了八进制和十六进制，因此需要在不同的数制之间相互转换。

1. N 进制转换为十进制

把 N 进制数转换为十进制数，首先写出它的位权展开式，再按十进制运算规则求和，即把二进制数（或八进制数、十六进制数）写成 2（8 或 16）的各次幂之和的形式，然后计算。

2. 十进制数转换为 N 进制数

十进制整数部分和小数部分在转换时需做不同的计算，整数转换用"除以基数 N 倒序取余法"，小数转换用"乘以基数 N 正序取整法"。

3. 二进制数与八进制数的相互转换

二进制数转换为八进制数方法是三位合一：将二进制数从小数点开始，对二进制整数部分向左每三位分成一组，不足三位的向高位补零；对二进制小数部分向右每三位分成一组，不足三位的向低位补零。将每组的三位数，分别转化为八进制数。

反之，将八进制数转换成二进制数，只要将每一位八进制数转换成相应的三位二进制数，并依次连接起来即可。

4. 二进制数与十六进制数的相互转换

二进制数转换为十六进制数方法是四位合一：将二进制数从小数点开始，对二进制整数部分向左每四位分成一组，不足四位的向高位补零；对二进制小数部分向右每四位分成一组，不足四位的向低位补零。将每组的四位数，分别转化为十六进制数。

反之，将十六进制数转换成二进制数，只要将每一位十六进制数转换成相应的四位二进制数，并依次连接起来即可。

5. 八进制数与十六进制数的相互转换

八进制与十六进制数之间的转换可以先转换为二进制数，再转换为其他进制数。

二、信息编码

在日常生活中，信息的表示形式多种多样。计算机可以处理数字、文本、声音和图片等多种信息数据，但在计算机内部，信息的表示和存储显得单调许多。由于计算机由电子元器件组成，为了简化电路设计并提高稳定性等，计算机采用二进制。任何输入计算机的数据都将经过编码转化为二进制数的形式进行表示、处理和存储。

（一）数字编码

数值在计算机中的表示一般用 BCD 码。BCD 编码是用 4 位二进制数来表示十进制数 0～9 这 10 个数码中的 1 位，它和四位自然二进制码相似，各位的权值为 8、4、2、1，故称为 8421BCD 码。

除此以外，对应不同需求，对数字亦开发了其他不同的编码方法，以适应不同的需求。

（二）字符编码

在计算机中，字符型数据占有很大比重，它们也需要用二进制进行编码才能存储并处理。西文字符编码 ASCII（American Standard Code for Information Interchange）原是美国信息交换标准代码，在 1968 年提出，用于在不同计算机硬件和软件系统中实现数据传输标准化，大多数小型机和全部个人计算机都使用此码，后成为国际标准。ASCII 码包括 0～9 这 10 个数字字符、大小写英文字母各 26 个、标点符号、运算符号及其他符号等，还有回车、换行等控制字符。它用一个字节的低 7 位（最高位为 0）表示 128 个不同的字符。例如，英文字符 "a" 对应的 ASCII 码为 "97"。

（三）汉字编码

计算机处理汉字的过程较为复杂。从键盘输入汉字要使用输入码（如拼音、五笔字型、区位码等），输入码转换为由数字组成的交换码，然后转换为汉字机内码（汉字在计算机内的唯一标识码），才能对其处理、存储。为了将汉字输出，还必须将机内码转换为汉字的字型码送到显示器或打印机。

1. 汉字交换码

汉字字符数量较大，一般用连续的两个字节（16 个二进制位）来表示一个汉字。

1980 年，我国颁布了第一个汉字编码的国家标准：《信息交换用汉字编码字符集 基本集》（GB 2312—1980）。该字符集共收入常用汉字 6763 个（一级 3755，二级 3008）及英俄日文字母等 682 个，共 7445 个字符，是目前国内所有汉字系统的统一标准，故称国标码。国标码的每个字符由两个字节代码组成，每个字节最高位是 0，其他 7 位由不同的二进制数值构成。

2. 汉字机内码

在计算机内表示汉字的代码是汉字机内码，汉字机内码由国标码演化而来，把表示国标码的两个字节的最高位分别加"1"，就变成汉字机内码，利用汉字机内码和 ASCII 码可以实现计算机中的中文、西文的兼容。

3.汉字输入码

汉字输入码也称作汉字外部码（外码），是为了将汉字输入计算机而编制的代码，是代表某一汉字的一组键盘符号。因输入法的不同，有不同的汉字输入码，不论是哪一种汉字输入方法，利用输入码将汉字输入计算机后，必须将其转换为汉字机内码才能进行相应的存储和处理。

根据编码规则，将计算机上常用的汉字输入码分为流水码（如国标码、电报码、区位码等）、音码（微软拼音、智能 ABC、搜狗、紫光等）、形码（五笔码、大众码等）和音形结合码（自然码、首尾码等）四种。流水码整齐、简洁，没有重码，但编码和汉字属性之间没有直接的对应关系，用户难以记忆，一般用于输入一些特殊符号；音码容易掌握和普及，缺点是重码率高，影响输入速度；形码根据汉字的字型编码，重码少，输入速度快，但需要专门的学习才能掌握；音码结合形码，输入速度快，重码少，仍然需要专门的学习。

4.汉字字型码

字型码是表示汉字字型的字模数据，供计算机在显示和打印时使用的汉字编码，是将汉字字型经过点阵数字化后形成的一串二进制数。点阵字型编码是一种最常见的字型编码，它用一位二进制码对应屏幕上的一个像素点，字形笔画所经过处的亮点用 1 表示，没有笔画的暗点用 0 表示。每个汉字字型排成由 M 行、N 列的矩阵，简称点阵。一个 M 行、N 列的点阵共有 $M \times N$ 个点。常用的点阵有 16×16、24×24、32×32、64×64 或更高。

在计算机中输出汉字时必须得到相应汉字的字型码，通常用点阵信息表示汉字的字型，所有汉字字型点阵信息的集合就称为汉字字库。一个 24×24 点阵的汉字字型码占用 72 个字节的存储空间，而一个 48×48 点阵的汉字字型码占用 288 个字节的存储空间。点阵越密，则打印的字体越美观，占用存储空间越大。

（四）多媒体表示

在计算机中，数值数据和字符数据都要转换成二进制来存储和处理。同样，声音、图形、图像、视频等多媒体数据也要转换成二进制，但多媒体数据的表示方式是完全不同的。声音往往采用波形文件、乐器数字接口（MIDI）音乐文件或压缩音频文件方式表示，图像有位图编码和矢量编码两种方式，视频由一系列"帧"组成。

三、计算机中的数据单位

计算机中的数据都要占用不同的二进制位。为了便于表示数据量的多少，引入数据单位，数据单位常采用"位""字节""字"等。

（一）位（bit）

位，记作 b，也称为比特，是计算机存储数据的最小单位。1bit 表示一位二进制信息，有 0 和 1 两种取值。

（二）字节（Byte）

字节是计算机中数据存储和数据处理的基本单位。一个字节由八个二进制位组成（1Byte=8bit），记作 B。一个西文字符在计算机中用一个字节存放，一个汉字则需要两个字节。

（三）字（Word）

字是计算机在进行数据处理过程中一次存取、加工和传送的数据长度单位。一个字由若干个字节组成。一个字的二进制长度称为字长。字长是衡量计算机性能的一个重要指标，字长越长，精确度越高。

在实际应用中，我们还经常使用 KB、MB、GB、TB 等单位来表示计算机的存储容量，各种度量单位的换算关系如下：

$1KB=2^{10}B=1024B$

$1MB=2^{10}KB=1024KB$

$1GB=2^{10}MB=1024MB$

$1TB=2^{10}GB=1024GB$

第三节 计算机系统

一、计算机的工作原理

现代计算机的基本工作原理是由美籍匈牙利科学家冯·诺依曼于 1946 年首先提出来的。冯·诺依曼提出了存储程序和程序控制的原理，并确定了计算机硬件体系结构的五个基本部件：输入设备、输出设备、控制器、运算器和存储器。人们把冯·诺依曼的这个理论称为冯·诺依曼体系结构，从计算机的第一代至第四代，一直没有突破这种体系结构，目前绝大多数计算机都是基于冯·诺依曼计算机结构模型开发的。冯·诺依曼的主要思想可以概括为以下三点。

（一）冯·诺依曼计算机结构模型

冯·诺依曼计算机主要包括运算器、控制器、存储器、输入设备、输出设备五大组成部分。

运算器也称算术逻辑单元（ALU），是计算机进行算术运算和逻辑运算的部件。算术运算有加、减、乘、除等，逻辑运算有比较、移位、与运算、或运算、非运算等。在控制器的控制下，运算器从存储器中取出数据进行运算，然后将运算结果写回存储器中。

控制器主要用来控制程序和数据的输入／输出，以及各个部件之间的协调运行。控制器由程序计数器、指令寄存器、指令译码器和其他控制单元组成。控制器工作时，根据程序计数器中的地址，从存储器中取出指令，送到指令寄存器中，经译码单元译码后，再由控制器发出一系列命令信号，送到有关硬件部位，引起相应动作，完成指令所规定的操作。

存储器的主要功能是存放运行中的程序和数据。在冯·诺依曼计算机模型中，存储器是指内存单元。存储器中有成千上万个存储单元，每个存储单元存放一组二进制信息。对存储器的基本操作是数据的写入或读出，这个过程称为"内存访问"。为了便于存入或取出数据，存储器中所有单元均按顺序依次编号，每个单元的编号称为"内存地址"，当运算器需要从存储器某单元读取或写入数据时，控制器必须提供存储单元的地址。

输入设备的第一个功能是用来实现将现实世界中的数据输入计算机，如输入数字、文字、图形、电信号等，并且转换成计算机熟悉的二进制码。它的第二个功能是由用户对计算机进行操作控制。常见的输入设备有键盘、鼠标、数码相机等。还有一些设备既可以作为输入设备，也可以作为输出设备，如软盘、硬盘、网卡等。

输出设备将计算机处理的结果转换成用户熟悉的形式，如数字、文字、图形、声音等。常见的输出设备有显示器、打印机、绘图仪、音箱、网卡等。

在现代计算机中，往往将运算器和控制器集成在一个集成电路芯片内，这个芯片称为中央处理器（CPU）。CPU的主要工作是与内存系统或输入／输出（I/O）设备之间传输数据，进行简单的算术和逻辑运算，通过简单的判定控制程序的流向。CPU性能的高低，往往决定了一台计算机性能的高低。

（二）采用二进制形式表示数据和指令

指令是人们对计算机发出的用来完成一个最基本操作的工作命令。它由计算机硬件来执行。指令和数据在代码形式上并无区别，都是由 0 和 1 组成的二进制代码序列，只是各自约定的含义不同。在计算机中采用二进制，使信息数字化容易实现，并可以用二值逻辑元件进行表示和处理。

（三）存储程序

存储程序是冯·诺依曼思想的核心内容。程序是人们为解决某一实际问题而写出来的指令集合。指令设计及调试过程称为程序设计。存储程序意味着事先将编制好的程序（包含指令和数据）存入计算机存储器中，计算机在运行程序时就能自动、连续地从存储器中依次取出指令并执行。计算机的功能很大程度上体现为程序所具有的功能，或者说，计算机程序越多，计算机功能越多。

二、计算机的硬件组成

一个完整的计算机系统由硬件系统和软件系统两部分组成。硬件系统是构成计算机系统的各种物理设备的总称，包括主机和外设两部分。软件系统是运行、管理和维护计算机的各类程序和文档的总称。通常把不安装任何软件的计算机称为"裸机"。计算机之所以能够应用到各个领域，是由于软件的丰富多彩，能出色地按照人们的意志完成各种不同的任务。

（一）微型计算机硬件系统的基本配置

根据冯·诺依曼计算机结构模型，计算机的硬件系统被分为输入设备、输出设备、控制器、运算器和存储器。但从一台微型机外观上看，计算机硬件主要分为两大部分：主机和外设。

主机是整个微机系统的核心，位于主机箱内。机箱里面装有硬盘、软驱和光驱，还有一块较大的集成线路板（称为主板）。主板上集中了微机的大部分重要部件，如 CPU、内存及各种插槽，还有一些重要的电路（总线）和元件（芯片组）。

外设通过各种接口与连线连接到主机上。通常微机必备的外设有键盘、显示器和鼠标。随着价格的降低，打印机、多媒体设备及一些新兴的数码设备也已经成为一些微机的标准配置。

（二）处理器

在微机中，中央处理器被称为微处理器，即 CPU，是一个集成电路，插在主板的 CPU 插座上，是微机的核心部件。

微处理器是微机进行数据处理的核心，它的性能直接决定了微机处理能力的大小。主频和字长是衡量微处理器的主要性能指标。

1. 主频

主频是指 CPU 系统时钟脉冲发生器输出的周期性脉冲的频率，是衡量 CPU 运算速度的重要指标，单位为 MHz 或 GHz。目前，微机配置的 CPU 主频已超过 3GHz。

2. 字长

字长是指 CPU 能够一次同时处理的二进制数据的位数。目前，微机通常配置的 CPU 字长为 32 位或 64 位，即一次能够处理 32 位或 64 位二进制数据。

3. 带宽

带宽是 CPU 与外部设备之间一次能够传递的数据位数。

（三）主板

主板是微机的另一个重要组成部件，是连接计算机各个功能部件的桥梁，有时又称为母板或系统板。目前，通用主板必然都设有 CPU 接口插槽、加速图形端口（AGP）插槽、物理小区标识（PCI）总线扩展槽、基本输入输出系统（BIOS）芯片、主板芯片组、总线，以及各种外设接口。

下面主要对 BIOS 芯片、主板芯片组、总线和外设接口进行介绍。

1. BIOS 芯片

在每一块主板上都有一块 BIOS 芯片，它实际上是一个只读存储器。BIOS 芯片主要负责解决主板与操作系统之间的接口问题，其功能是对 CPU、主板芯片及有关的部件进行初始化，开机自检，帮助系统从驱动器中寻找操作系统的引导程序。

2. 主板芯片组

主板芯片组的主要功能是控制和管理计算机中的硬件及控制数据传递，它由极其复杂的电路组成。芯片组对整个主板的性能起着决定性的作用，是主板的灵魂。根据芯片的功能分为南桥芯片和北桥芯片。南桥芯片主要负责 I/O 接口控制、集成开发环境（IDE）设备控制及高级能源管理等。北桥芯片负责与 CPU 的联系并控制内存、AGP 和 PCI 数据在北桥芯片内部传输。由于北桥芯片的发热量较高，所以芯片上装有散热片。

3. 总线

总线是 CPU 与芯片组及外设之间传输数据、指令和寻址信号的公用线路的集合，分为地址总线、数据总线和控制总线。

地址总线用于传送地址信息，数据总线用于传递数据信息，控制总线用于传递控制信号。

总线在主板上提供了多个扩展槽与插座，任何插入扩展槽的电路板（如显卡、声卡）都可以通过总线和 CPU 连接。主流主板上的扩展槽主要有指令集架构（ISA）插槽、PCI 插槽和 AGP 插槽，用于连接声卡、网卡和显卡等。其中，AGP 是一种可以自由扩展的图形总线结构，有效解决了 3D 图形处理的瓶颈问题。

4. 外设接口

外设接口是微型计算机和外部设备连接的接口。一般主板上都设有两个并行接口（LPT1 和 LPT2）、两个串行接口（COM1 和 COM2）、两个 USB 接口、键盘和鼠标接口等。

USB 的英文全称是 Universal Serial Bus，中文叫作通用串行总线，由英特尔、IBM、微软等公司在 1995 年联合制定，并逐渐形成了行业标准。自微软在 Windows 98 中加入对 USB 接口的支持后，USB 设备也日渐增多，如数码相机、摄像头、扫描仪、游戏杆、打印机、键盘、鼠标等。USB 还有一个显著优点就是支持热插拔，也就是说在开机的情况下，也可以安全地连接或断开 USB 设备，达到真正的即插即用。

（四）存储器

1. 内部存储器

内部存储器，简称内存，是计算机用来存储程序和中间数据的场所，是影响计算机运行速度的重要因素。在计算机内部，内存包括随机存储器（Random Access Memory，RAM）、只读存储器（Read Only Memory，ROM）和高速缓冲存储器（Cache）三类。

通常意义上所说的内存就是指随机存取存储器，即 RAM。RAM 被做成内存条的形式，在使用时将其插在主板的内存插槽上即可。

ROM 主要用来存储固定不变的数据，如计算机的 BIOS 信息。

Cache 是介于 CPU 与 RAM 之间的一种高速信息存储芯片，主要用于缓解它们之间数据传输的速度差。Cache 一般由静态随机存取存储器（SRAM）构成，其访问速度是内存的 10 倍左右。

2. 外部存储器

外部存储器主要用于保存程序和数据。外存的特点是存储容量大，可靠性高，价格低，断电后可以永久保存信息。按存储介质的不同，外存分为磁表面存储器、光存储器和半导体存储器。磁表面存储器一般指软盘和硬盘。光盘存储器和以 U 盘为代表的半导体存储器（闪存）已成为移动存储的主要方式。

软盘使用聚酯材料做成圆形底片，在表面涂有磁性材料（双面或单面），然后封装在护套内。读写软盘上数据的专门装置称为软盘驱动器。常用的软盘能存储 1.44MB 的数据。软盘有写保护口，当写保护口处于保护状态时，只能读取盘中的信息，不能修改或删除，也不能写入，用于防止病毒的侵入。目前，软盘已经由存储容量大、体积较小、便于携带的移动存储器所代替。

硬盘是常用的主要外部存储器，由盘片、控制器、驱动器和连线电缆组成。盘片是两个表面都涂附了一层很薄的高性能磁性材料的铝合金薄圆片，每个盘面有一个读写头。硬盘容量的大小、转速、寻道时间及单碟容量是衡量硬盘性能的重要指标。目前，微机上配置的硬盘容量一般在上百 GB，高性能硬盘的转速已经超过 15000r/min，使用寿命也大大延长。

光盘存储器，简称光盘，是利用激光原理存储和读取信息的媒介。光盘存储器由光盘和光盘驱动器两部分组成。光盘利用激光在某种介质上写入信息，再利用激光读出信息。目前，常用的光盘存储器有只读光盘、追记型光盘和可改写型光盘等。与其他存储介质相比，光盘存储容量大，存取速度快，信息不会丢失，可以用来储存永久保留的信息。

移动存储设备主要包括闪存存储器和移动硬盘两种。闪存存储器又称为 U 盘，是一类体积小、存储容量较小的新型移动存储设备。使用 U 盘，只需要插入计算机的 USB 接口即可。移动硬盘的体积与普通硬盘差不多，存储容量比较大，能有几百 GB。

（五）输入设备

输入设备是向计算机输入信息的设备，通过外设接口与计算机相连。常见的输入设备有键盘、鼠标、扫描仪和数码相机等。

1. 键盘

键盘是计算机的标准输入设备，是用户输入程序和文字信息等的重要工具。根据按键的数量分为 83 键、101 键、104 键及 107 键键盘。目前，由于 Windows 系统的广泛应用，104 键键盘得到了广泛的应用，它共有四处键区，即功能键区、主键盘区、控制键区和数字键区（小键盘）。

2. 鼠标

鼠标是一种"指点"式设备，它是利用光标在显示器上的位置信息和点击信息来确定用户的输入指令的。随着 Windows 图形用户界面的广泛应用，鼠标已经成为重要的信息输入设备，极大地简化了用户操作。鼠标根据其实现的原理可以分为机械式鼠标和光电式鼠标，根据按键数量可以分为两键、三键及多键鼠标。

3. 扫描仪

扫描仪是将各种图像信息输入计算机的重要设备，是一种光电一体化的高科技产品。扫描仪按照其处理的颜色可以分为黑白扫描仪和彩色扫描仪。衡量扫描仪性能的指标有分辨率、扫描速度、扫描区域和灰度级等。

4. 数码相机

数码相机是一种采用光电子技术摄取静止图像的照相机。数码相机摄取的光信号由电耦合器件成像后变换成电信号，保存在闪存（CF）卡或智能媒体（SM）卡上，将其与计算机的 USB 通信端口连接，可将拍摄的照片上传到计算机内进行编辑。分辨率是数码相机最重要的性能指标。

5. 其他外设

随着科学技术的不断发展，越来越多的外部设备可以与计算机相连并进行数据交换，如摄像机、数字化仪、摄像头、麦克风和光笔等。

（六）输出设备

输出设备是显示计算机内部信息和信息处理结果的设备，常见的输出设备有显示器、打印机、投影仪和声音输出设备等。

1. 显示器

显示器是计算机必备的标准输出设备，它通过显示卡与 CPU 相连，接受 CPU 控制并显示相关信息。

显示卡是连接显示器和 CPU 的桥梁，它将微机的数字信号转化为模拟信号再输出给显示器。目前，常用的显示卡采用 AGP 总线，能够大大提高计算机对图像的处理能力。

显示器按照显示原理可以分为阴极射线显像管（CRT）显示器、液晶显示器（LCD）、等离子显示器（PDP）及发光二极管（LED）显示器等。目前，LCD 和 LED 显示器已成为主流显示器。

像素、点距和分辨率是衡量显示器的重要指标。

像素：可显示的最小单位。例如，显示器的分辨率是 1024×768，则共有 $1024 \times 768 = 786432$ 个像素点。

点距：显示器屏幕上相邻两个像素点之间的距离。点距越小，图像越清晰。目前常用显示器的点距在 $0.24 \sim 0.29mm$ 之间。

分辨率：显示器水平方向和垂直方向上所能显示的像素的个数。分辨率为 1024×768 的显示器，表示在其水平方向上有 1024 个像素，在垂直方向上有 768 个像素。显然，显示器的分辨率越高，像素就越多，所显示的图像就越清晰。

2. 打印机

打印机已经成为必不可少的办公设备，是将计算机运行结果输出的重要手段。分辨率、打印速度和纸张大小是衡量打印机性能的重要指标。目前常用的打印机可分为点阵式（针式）打印机、喷墨打印机和激光打印机。

点阵式打印机是通过"打印针"打击色带产生打印效果，因此也被称为针式打印机。喷墨打印机是墨水在压力、热力或者静电方式的驱动下，通过喷头喷到纸张面上产生文字和图像。激光打印机的基本原理与静电复印机类似，它利用激光束照射到一个具有正电位的硒鼓上，被照射的部位转变电荷吸附墨粉，再通过压力和热力把影像转移到打印纸上。

点阵式打印机持久耐用，但打印效果稍差且噪音较大；喷墨式打印机打印效果好，尤其是打印图形图像时效果更明显，但速度较慢且耗墨较多；激光式打印机不仅质量高而且速度快，主要缺点是耗电量大，墨粉比较昂贵。

在专业图片打印领域，为了追求更加逼真的效果，常常使用热升华打印机。

3. 投影仪

投影仪可以将计算机屏幕上的内容投影到银幕上，在会议、多媒体教学、培训等公共场合中有广泛应用。投影仪按工作原理可以分为透射式和反射式两种。衡量投影仪的主要性能指标是显示分辨率、感应时间、投影度、投影颜色和变焦等。

4. 声音输出设备

声音输出设备由声卡和音箱两部分组成。计算机处理后的声音信号通过声卡将数字信号转化为模拟信号，然后输出到音箱。

三、计算机的软件

计算机软件包括程序与程序运行时所需的数据，以及与这些程序和数据有关的文档资料。软件系统是计算机上可运行的程序的总和。计算机软件可以分为系统软件和应用软件。

（一）系统软件

系统软件居于计算机系统中最靠近硬件的一层，其他软件一般都通过系统软件发挥作用。系统软件是用于计算机管理、监控、维护和运行的软件，通常包括操作系统、网络服务、数据库系统、程序设计语言和语言处理程序等各种程序。

1. 操作系统

操作系统是对计算机硬件资源和软件资源进行控制和管理的大型程序。它是最基本的系统软件，其他软件必须在操作系统的支持下才能运行。操作系统一般包括进程管理、作业管理、存储管理、设备管理、文件管理等功能。目前常用的操作系统有 Windows、Linux、DOS 等，网络操作系统有 Windows Server、Linux、UNIX 等。

2. 网络服务

操作系统本身提供了一些小型的网络服务功能。对于大型的网络服务，必须由专门软件提供。网络服务程序提供大型的网络后台服务，主要由网络服务提供商和企业网络管理人员使用。个人用户在利用网络进行工作和娱乐时，就由这些软件提供服务。

3. 数据库系统

数据库系统（DBS）主要由数据库（DB）和数据库管理系统（DBMS）组成。数据库可以简单地理解为"数据仓库"，它是按一定方式组织起来的相关数据的集合。数据库管理系统是对数据库进行有效管理和操作的软件，是用户与数据库之间的接口。数据库管理系统提供了用户管理数据库的一套命令，包括数据库的建立、修改、检索、统计、排序等功能。数据库管理系统是建立信息管理系统（如财务管理、企业管理等）的主要软件工具。

4. 程序设计语言

程序设计语言是用来编写程序的语言，是人与计算机交换信息的工具。程序设计语言一般分为机器语言、汇编语言、高级语言三类。

机器语言是以二进制代码表示的指令集合，是计算机唯一能直接识别和执行的语言。用机器语言编写的程序称为机器语言程序，其优点是占用内存少、执行速度快，缺点是难编写、难阅读、难修改、难移植。

汇编语言是将机器语言的二进制代码指令用便于记忆的符号形式表示出来的一种语言，所以它又称为符号语言。采用汇编语言编制的程序称为汇编语言程序，汇编语言程序比机器语言程序易阅读、易修改。

机器语言和汇编语言都是面向机器的语言，一般称为低级语言。低级语言对机器依赖性大，所编程序通用性差，用户较难掌握。高级语言比较接近于自然语言和数学表达语言。用高级语言编写的程序便于阅读、修改及调试，而且移植性强。高级语言已成为目前普遍使用的语言，从结构化程序设计语言到广泛使用的面向对象程序设计语言，高级语言有上百种之多，如 FORTRAN、PASCAL、COBOL、C、C++、Basic、Java 以及目前流行的 Visual Basic、VC++、C# 等。

5. 语言处理程序

用汇编语言和高级语言编写的程序成为"源程序"，不能被计算机直接执行，必须翻译成机器语言程序，才能为机器识别及执行。这种翻译也是由程序实现的，不同的语言有不同的翻译程序，把这些翻译程序统称为语言处理程序。

通常翻译有两种方式：解释方式和编译方式。解释方式是通过相应语言解释程序对源程序逐条翻译成机器指令，每译完一句立即执行一句，直至执行完整个程序。其特点是便于查错，但效率较低。编译方式是用相应语言的编译程序将源程序翻译成目标程序，再用连接程序将目标程序与函数库等连接，最终生成可执行程序，才可在机器上运行。

语言解释程序一般包含在开发软件或操作系统内，如 IE 浏览器就带有 ASP 脚本语言解释功能；也有些是独立的，如 Java 语言虚拟机。语言编译程序一般都附带在开发系统内，如 VC++ 开发系统就带有程序编译器。

（二）应用软件

应用软件也可以分为两类：一类是针对某个应用领域的具体问题而开发的程序，具有很强的实用性、专业性；另一类是一些大型专业软件公司开发的通用性应用软件，这些软件功能非常强大，适用性非常好，应用也非常广泛。

常用的通用应用软件有以下几类。

1. 办公自动化软件

应用较为广泛的有微软公司开发的 Microsoft Office 软件，它由几个软件组成，如字处理软件 Word、电子表格软件 Excel 等。国内优秀的办公自动化软件有 WPS 等。IBM 公司的 Lotus 也是一套非常优秀的办公自动化软件。

2. 多媒体应用软件

常用的多媒体应用软件有图像处理软件 Photoshop、动画设计软件 Flash、音频处理软件 Cool Edit、视频处理软件 Premiere、多媒体创作软件 Authorware 等。

3. 辅助设计软件

常用的辅助设计软件有机械和建筑辅助设计软件 AutoCAD、网络拓扑设计软件 Visio、电子电路辅助设计软件 Protel 等。

4. 企业应用软件

常用的企业应用软件有用友财务管理软件等。

5. 网络应用软件

常用的网络应用软件有如网页浏览器软件 IE、即时通信软件 QQ、网络文件下载软件 Flash Get 等。

6. 安全防护软件

常用的安全防护软件有如瑞星杀毒软件、天网防火墙软件等。

7. 系统工具软件

常用的系统工具软件有文件压缩与解压缩软件 WinRAR、数据恢复软件 Easy Recovery、系统优化软件 Windows 优化大师等。

8. 娱乐休闲软件

常用的娱乐休闲软件有各种游戏软件、电子杂志、图片、音频、视频等。

第四节　多媒体技术基础

多媒体技术是当今信息技术领域发展最快、最活跃的技术，是新一代电子技术发展和竞争的焦点。它的出现使得我们的计算机世界丰富多彩起来，也使得计算机的世界充满了人性的气息。

一、多媒体技术的基本概念

（一）媒体（Medium）

"多媒体"一词译自英文"Multimedia"，而该词由 Multiple 和 Media 复

合而成，核心词是媒体。媒体（Medium）在计算机领域有两种含义：一是指存储信息的实体，如磁盘、光盘、磁带、半导体存储器等，中文常译为媒质；二是指传递信息的载体，如数字、文字、声音、图形和图像等，中文译作媒介，多媒体技术中的媒体是指后者。其实，"媒体"的概念范围是相当广泛的。国际电信联盟（International Telecommunication Union，ITU）下属的国际电报电话咨询委员会（CCITT）将媒体分为感觉媒体、表示媒体、显示媒体、存储媒体和传输媒体等五种。

感觉媒体直接作用于人的视觉、听觉、嗅觉、味觉和触觉等器官，并产生一定知觉，如声音，物体的质地、形状、颜色、气味、味道、温度和湿度等。感觉媒体是人接触信息的感觉方式。

表示媒体是为了更有效地处理和传输感觉媒体而人为研制出来的媒体，常见的有数据、图形图像、音频、视频等信息的数字化编码表示。表示媒体是人采用信息的表达方式。

显示媒体实现了感觉媒体与通信中的电信号之间的相互转换，如键盘、摄像机、光笔、话筒等输入显示媒体，显示器、打印机、扬声器等输出显示媒体。显示媒体是人用以表现和获取信息的物理设备。

传输媒体是传送媒体数据信息的载体，如电磁波、电缆、光缆等通信信道，是将表示媒体从一处传送到另一处的物理实体。

存储媒体用以存储媒体数据信息，如磁盘、光盘、磁带等。

人是通过与环境的交互作用来获取并处理信息的。所以，信息表示媒体的多样化、信息表示方式的改进和完善是人们普遍关注的主要问题。除非特别指明，一般情况下讨论的媒体默认为表示媒体，且首先是数字化媒体。

（二）多媒体

多媒体是相对于单媒体（Mono-media）而言的。多媒体是指使用了包括文本、图形、音频和视频技术的组合的文档、应用程序的信息发布形式。多种媒体的直接结合和综合使用，便构成了所谓的多媒体，其本质是集成和交互的。事实上，多媒体是作为信息发送者、接收者之间的多种多样的媒介，或者说是实现信息的表示、储存、传送、再现、感知的集成交互的手段。

多媒体按信息获取方式的不同，有静态图片、运动图片和声音等捕获媒体，有文本、图形和计算机动画等合成媒体；按信息是以空间还是时间为基础，有文本、图形、图像等静态的离散媒体，有声音、运动图像、计算机动画等动态的连续媒体；按感觉信息的方式，有视觉类媒体、听觉类媒体和触觉类媒体。

（三）多媒体技术

多媒体技术就是研究如何表示、再现、储存、传递和处理文本、图形、静态图像、动态图像、动画、声音等多媒体信息的技术，涉及计算机、图形学、数字通信等不同学科的多种技术。多媒体技术仅仅解决了信息的表示问题，而要使信息便于人们共享及获取，必须采用网络技术。因此，多媒体技术是一种系统的技术，由计算机、通信网络、人机接口和相应的媒体数据组成。人既是系统的参与者，又是系统的服务对象。

多媒体技术包括声音信号处理、静态图像和电视图像处理、语音信号处理及远程通信技术。这些技术包括了软、硬件技术。

声音信号处理有很多方式，包括音乐合成、压缩 / 解压缩、多频音调均衡及回音、混响。

静态图像处理和电视图像处理包括动画、图形、静态图像和视频信号的压缩 / 解压缩。

语音信号处理包括特定人语音识别、非特定人语音识别、压缩 / 解压缩及文本—语音转换。

远程通信包括传真、调制 / 解调、压缩 / 解压缩、局域网及综合业务数字网。显然，多媒体不仅仅是一种新技术，更是把多种新技术集成到一个系统中。

（四）多媒体系统

多媒体系统是由多媒体终端设备、多媒体网络设备、多媒体服务系统、多媒体软件和有关的设备组成的有机整体。多媒体信息系统包括计算机设备、数据库系统、通信网和用户接口等部分。

多媒体系统是一种高度集成的系统，包含了多种多样的技术和若干个实时交互的体系结构。其中，所有的多媒体功能均与标准的用户界面集成，所有应用程序软件的使用均与硬件设备及其操作无关。

（五）多媒体技术的应用

多媒体技术主要用于娱乐和各种各样的业务处理，如游戏、多媒体信息库、交互式电视、视频电话会议和超媒体邮件、共享工作区和共享运行环境、业务处理工作流应用等。

二、多媒体关键技术

多媒体系统要能实现综合处理声音、文本、图像等多种媒体信息，就需要多种技术。

（一）数据压缩技术

由于数字化的声音、图像等多媒体信息的原始数据量非常大，而且视频、音频信号还要求快速处理和传输，在一般计算机产品特别是个人计算机上开展多媒体应用难以实现。为了存储、处理和传输多媒体信息，人们考虑采用压缩的方法来减少数据量。通常是将原始数据压缩后存在磁盘上，或者以压缩形式来传输，仅当使用这些数据时才能把数据解压缩以还原，来满足实际需要。数据压缩可以分为有损压缩和无损压缩。

1. 无损压缩

利用数据的统计冗余进行压缩，可完全恢复原始数据而不引入任何失真，但压缩率受到统计冗余度理论限制，一般为 2 : 1 到 5 : 1。多媒体应用中经常使用的无损压缩方法主要基于统计的编码方案，如行程编码、霍夫曼编码、算术编码和字串表编码（LZW）等。常用压缩工具有 WinRar、WinZip、ARC 等。

2. 有损压缩

有损压缩又称不可逆编码，即压缩后的数据不能够完全还原成压缩前的数据，与原始数据不同但是非常接近的压缩方法，也称破坏性压缩。以损失文件中某些信息为代价来换取较高的压缩比，其损失的信息多是对视觉和听觉感知不重要的信息，但压缩比通常较高，约为几十到几百。常用于音频、图像和视频的压缩。常用的有损压缩方法有预测编码、变换编码（主要是离散余弦变换方法）、基于模型编码、分形编码、适量量化编码等。常用压缩工具有JPEG、MPEG 等。

（二）存储技术

多媒体的音频、视频和图像等信息虽经过压缩处理，但仍需相当大的存储空间，而磁盘存储器的存储介质是不可交换的，所以只是在大容量只读光盘存储器问世后才首次真正解决了多媒体信息存储空间的问题。

（三）专用芯片技术

要实现音频、视频信号的快速采集、效果处理、压缩、解压缩和播放处理，需大量的快速计算，只有采用专用芯片才能取得满意效果。

（四）网络与通信技术

传统的电话传真等通信方式不能传输多媒体信息，电视广播不能实时交互服务。多媒体技术与通信技术相结合，提供多媒体电子邮件、视频会议、远程教学和视频点播等交互式服务，为人们提供高效、快捷的沟通途径。

（五）超文本和超媒体技术

超文本和超媒体技术是一种模拟人脑的联想记忆方式，把一些信息块按照需要用一定的逻辑顺序链接成非线性网状结构的信息管理技术。超文本技术以节点作为基本单位，这些节点要比字符高出一个层次。将节点链接成网状结构，即非线性文本结构，这种已组织成网的信息网络就是超文本。随着计算机技术的发展，节点中的数据不再仅仅是文字，还可以是图形、图像、声音、动画、动态视频、计算机程序或它们的组合等。将多媒体信息引入超文本，就形成了超媒体。

（六）智能多媒体技术

智能多媒体应该看成一种更加拟人化的高级智能计算技术。多媒体技术的进一步发展迫切需要引入人工智能，要利用多媒体技术解决计算机视觉和听觉方面的问题，就必须引入人工智能的概念、方法与技术。智能多媒体中的知识表示和推理必然反映多媒体信息空间的非线性特性，而仅仅依靠简单排列组合多媒体信息的方法是不可行的，多媒体技术与人工智能的结合必将把两者的发展推向一个崭新的阶段。

（七）多媒体信息检索技术

多媒体信息检索是根据用户的要求，对图形、图像、文本、声音、动画、视频等多媒体信息进行检索，以得到用户所需的信息。基于特征的多媒体信息检索系统有着广阔的应用前景，它将广泛地应用于电子会议、远程教学、远程医疗、电子图书馆、地理信息系统、遥感和地球资源管理、计算机支持协同工作（CSCW）等领域。

（八）分布式多媒体技术

分布式多媒体技术是多媒体技术、网络通信技术、分布式处理技术、人机交互技术、人工智能技术和社会学等多种技术的集成。它主要包括计算机支持协同工作、远程教育、远程会议、分布式多媒体信息点播、分布式多媒体办公自动化、互联网中的分布式多媒体应用和移动式多媒体系统等。CSCW 是其主要应用领域之一，有消息系统、会议系统、合著与讨论系统等，具有分布式、信息共享、多用户界面、连接协调等特征。

三、声音信息处理及其软件工具

运动使空气振动就产生了声音。声音按照其频率的不同分为次声（低于20Hz）、超声（高于20kHz）和可听声（位于20Hz至20kHz之间）。可听声也称为音频，相应的波形称为音频信号。音频按其频率范围又可分为电话语音（200Hz～3.4kHz）、调幅广播（50Hz～7kHz）、调频广播（20Hz～15kHz）和宽带音频（20Hz～20kHz）。一般来说，频率范围越宽，则声音的质量越好。

（一）数字音频的主要技术参数

数字音频分为波形声音、语音和音乐三类。波形声音实际上包含所有的声音形式，它可以把任何声音进行采样量化，并且恰当地恢复出来，相对应的文件格式是WAV文件或VOC文件。人的说话声虽是一种特殊的媒体，但也是一种波形，所以与波形声音的文件格式相同。音乐是符号化了的声音，乐谱可转变为符号媒体形式，对应的文件格式是MIDI文件或MP3文件。将音频信号集成到多媒体中，可以提供其他任何媒体不能取代的效果，不仅能烘托气氛，而且还能增加活力。音频信息增强了对其他类型媒体所表达的信息的理解。

通常，声音用一种模拟的连续波形表示。波形描述了空气的振动。波形最高点（或最低点）与基线间的距离为振幅，振幅表示声音的强度。波形中两个连续波峰间的距离称为周期。波形频率由1秒内出现的周期数决定，若每秒有1000个周期，则频率为1kHz。通过采样可将声音的模拟信号数字化，采样值可重新生成原始波形。

对声音的处理，主要是编辑声音和声音不同格式之间的转换。计算机音频技术主要包括声音的采集、数字化、压缩/解压缩及声音的播放。影响数字声音质量的因素主要有三个：

1. 采样频率

采样频率等于波形被等分的份数，份数越多（频率越高）则质量越好。

2. 采样精度

采样精度即每次采样信息量。采样通过模/数转换器（AD转换器）将每个波形垂直等分。若用8位AD转换器，可把采样信号分为256等份；若用16位AD转换器，则可将其分为65536等份。显然后者比前者音质要好。

3. 通道数

声音通道的个数表明声音产生的波形数，一般分为单声道和立体声道。单声道产生一个波形，立体声道则产生两个波形。采用立体声道声音丰富，但存储空间要占用很多。由于声音的保真与节约存储空间是矛盾的，因此要选择平衡点。

（二）声音的数字化

声波通过话筒等转化装置变成相应的电信号，这种电信号在时间和幅度上都是连续的，称为模拟信号。模拟信号不能被计算机直接处理，需要通过声卡将模拟信号转变为数字信号（A/D 转换），这个过程称为声音的数字化。数字化后的声音信号可以用计算机进行各种处理，经过处理后的数据通过声卡将数字信号还原成模拟信号（D/A 转换），再经过放大后输出到音箱还原成人耳能够听到的声音。

声音信号的数字化是通过对声音进行采样、量化和编码来实现的。采样是指每隔一段时间间隔读取一次声音波形的幅值。这些特定时刻取得的信号称为离散时间信号。

量化过程将采样得到的信号限定在指定的有限个数值范围内。假设输入电压的范围是 0 ～ 1.5V，量化可以将它的取值仅限定在 0V，0.1V，0.2V，…，1.5V 共 16 个值。如果采样得到的幅度值是 0.123V，则近似取 0.1；如果采样得到的值是 1.271，则近似取 1.3。

编码过程将量化后的幅度值用合适的二进制代码表示。如将上面所限定的 16 个电压值分别用二进制 0000，0001，0010，…，1111 表示，这时模拟信号就转化为数字信号。

（三）常用数字音频的文件格式

音频资源的文件格式用来提供计算机平台之间的应用和交换，其中除了音频数据外还包括控制数据（作为一个编辑定义条目），如计时码、数据均衡等。很多文件格式在文件头部描述了文件的取样速率、比特率、信道的数量和压缩的类型等信息，许多软件程序可以根据这些信息读取源文件或代码文件。目前流行的文件格式有 WAV、MID、MP3、RA/RAM、ASF 等。

1. WAV

WAV 文件格式由微软和 IBM 合作开发。Microsoft Windows 中含有此格式。WAV 是 Windows 本身存放数字声音的标准格式，由于微软的影响力，目前也成为一种通用性的数字声音文件格式，几乎所有的音频处理软件都支持 WAV 格式。由于 WAV 格式存放的一般是未经压缩处理的音频数据，所以体积都很大（1 分钟的 CD 音质需要 10M 字节），不适于在网络上传播。WAV 格式可以直接使用媒体播放机播放。

2. MID

MID 文件扩展名表示该文件是 MIDI 文件。MIDI 是数字乐器接口的国际标准，它定义了电子音乐设备与计算机的通信接口，规定了使用数字编码来描述音乐乐谱的规范。MID 文件的优点是短小，一个六分多钟、有 16 个乐器的文件也只是 80 多 KB；缺点是播放效果因软、硬件而异。使用媒体播放机可以播放，但如果想有比较好的播放效果，电脑必须支持波表功能。

3. MP3

MP3 这个扩展名表示的是 MP3 压缩格式文件。MP3 具有压缩程度高（1 分钟 CD 音质音乐一般需要 1M 字节）、音质好的特点，所以是目前较为流行的一种音乐文件。

4. RA/RAM

RA/RAM 这两种扩展名表示的是瑞尔（Real）公司开发的主要适用于网络上实时数字音频流技术的文件格式。它的面向目标是实时的网上传播，所以在高保真方面远远不如 MP3，在只需要低保真的网络传播方面却无人能及。要播放 RAM，需要使用 Real Player。

5. ASF

ASF 是微软公司针对 Real 公司开发的网上流式数字音频压缩技术。这种压缩技术的特点是兼顾了保真度和网络传输需求，所以具有一定的先进性。由于微软的影响力，这种音频格式获得了越来越多的支持，比如这种音频格式的文件可以使用 Winamp 可以播放，也可以使用 Windows 的媒体播放机播放。

（四）音频处理软件简介

用于声音处理的软件很多，如用于录制和编辑声音的 Adobe Audition、Gold Wave 和 Sound Forge 等，用于播放声音的 Windows Media Player、Winamp、Real One Player 和金山影霸等。声音处理的常用软件如下：

1. Windows 录音机

Windows 录音机是简单方便的声音处理软件。使用 Windows 录音机可以录制、混合、播放和编辑声音。其具体的功能有录制声音、在一个声音文件中插一段声音、删除一段声音、更改播放速度、调整音量、逆序播放声音、添加回音及声音格式转化等。Windows 录音机只能处理扩展名为 WAV 的声音文件。

2. Sound Forge

Sound Forge 是索尼公司的产品，软件名称为声音熔炉的意思。其主要功能有声音的任意剪辑、声音文件格式转换、各种采样率和采样精度转换、直接绘制声波或对声波进行直接修改、声音振幅的放大缩小、淡入淡出、左右平衡、频率均衡、混响回声等功能。

3. Adobe Audition

Adobe Audition 原名 Cool Edit，是美国 Synttrillium 公司的数字音频编辑软件，现已被奥多比（Adobe）公司收购。它不仅能高质量地完成录音、编辑和合成等多种任务，还能对声音进行降噪、扩音、声音均衡和淡入淡出等特殊处理。音频文件可以保存为 WAV、VOC 等格式，还可以直接压缩为 MP3、RM 等格式，是应用比较广的一款声音处理软件。

4. Gold Wave

Gold Wave 是一个专业级的数字音频处理软件。它可以以不同的采样频率录制声音。对声音的编辑功能：去掉一段不需要的声音，截取一段声音并复制到另外的位置，连接两段声音，合成两段声音。特殊效果方面的功能：增加混响时间以对声音润色，生成回声效果以产生空旷感，改变声音的频率以使声音变得尖利或低沉，制作声音的淡入淡出效果等。

四、图形图像信息处理及其软件工具

多媒体技术中的图形与图像不仅包含形、色、明、暗等外在的信息显示属性，从产生、处理、传播、显示的过程看还包含分辨率、像素深度、文件大小、真 / 伪彩色等计算机技术的内在属性。利用计算机技术处理图形与图像已成为多媒体技术的重要组成部分。

（一）图形与图像的基本概念

1. 色彩三要素

颜色信息对人的视觉反应，可通过色调、饱和度和亮度这 3 个参量来表示，通常把彩色的色调、色饱和度和亮度称为彩色三要素。

①色调：用来描述颜色的不同类别的物理量被称为色调，如红、橙、黄、绿、青、蓝、紫。色调取决于该种颜色的主要波长。

②色饱和度：描述颜色深浅程度的物理量，按该种颜色混入白光的比例来表示。若某色光的饱和度为100%，表示该色光是完全没有混入白色光的单色光，饱和度越高则颜色越浓。如果大量混入白色光使饱和度降低，人的视觉会感到颜色变淡。例如，在浓的红色光中混入大量的白光，由于饱和度降低就变成了粉红色，但是因为红色是基本色，所以色调并不会改变。应该指出的是，某颜色光混入白光与增强白光对某颜色物体的照射是不同的：前者是在射入人眼的某色光中混入白光；后者的结果则是加强了某颜色物体的反射光的强度，在射入人眼的反射光中并没有混入白光，因此它并没有改变颜色的饱和度。

③亮度：用来描述色光明暗变化强度的物理量。亮度是色光能量的一种描述，是指色调和色饱和度已经固定的光，它的全部能量增强时使人感觉明亮；反之则使人感觉暗淡。

通常把色调和色饱和度统称为色度。

2. 三基色原理

彩色显像管之所以能显示自然界中丰富多彩的颜色，原因是其关键技术运用了"三基色原理"。三基色原理认为自然界大小景物的绝大多数的彩色光，能分解为互相独立的红（R）、绿（G）、蓝（B）3种基色光；反之，用互相独立的红、绿、蓝3种基色光以不同的比例混合，可模拟出自然界中绝大多数景物的彩色。应该指出的是，R、G、B三色相互独立的含义是指任一种基色都不能由另外两种基色混合产生。

3. 像素

像素是计算机图形与图像中能被单独处理的最小基本单元。

从视觉属性看，像素是一个最小可视单位。一幅彩色图像可以看成由许多很小的可视点组成，这个点就是像素。每个像素点都有确定的颜色和亮度，这个颜色就是由互相独立的红、绿、蓝3种基色光以不同的比例混合而成的。

4. 颜色模型

颜色模型就是指某个三维颜色空间中的一个可见光子集，它包含某个颜色域的所有颜色。颜色模型主要有HSV、RGB、HSI、CHL、YUV、CMY等。它们在不同的行业各有所指，但在计算机技术方面运用得最为广泛。例如，用显示器这类发光物体显示时采用的是RGB模型，用打印机这类吸光物体输出彩色图像时用 CMYK 模型，进行彩色电视信号的显示与传输时采用 YUV 模型，从事艺术绘画时习惯采用 HSI 模型。

5. 分辨率

分辨率是一个统称，分为显示分辨率、图像分辨率、扫描分辨率和打印分辨率等。

①显示分辨率：某一种显示方式下显示器上能够显示出的像素数目，以水平和垂直的像素数表示。例如，显示分辨率为 640×480 表示显示屏分成 480 行，每行显示 640 个像素，整个显示屏就含有 307200 个像素点；800×600 表示显示屏可以显示 600 行、800 列，即 480000 个像素。屏幕显示的像素越多，分辨率就越高，显示出来的图像也就越细腻，显示的图像质量也就越高。屏幕能够显示的最大像素数量越多，说明显示设备的最大分辨率越高。显示屏上的每个彩色像素点由代表 R、G、B 这 3 种模拟信号的相对强度决定，这些彩色像素点就构成一幅彩色图像。

②图像分辨率：数字化图像的大小，以水平和垂直的像素数表示。如果组成图像的像素数越多，则说明图像的分辨率越高，看起来就越逼真。图像分辨率实际上决定了图像的显示质量，也就是说，即使提高了显示分辨率，也无法真正改善图像的质量，图像分辨率与显示分辨率是两个不同的概念。图像分辨率是确定组成一幅图像的像素数目，而显示分辨率是确定显示图像的区域大小。当图像分辨率与显示分辨率一致时，图像正好占据满屏；当图像分辨率小于显示分辨率时，图像占据屏幕的一部分；当图像分辨率大于显示分辨率时，则屏幕仅能显示图像的一部分。

③扫描分辨率：在用扫描仪扫描图像时，通常要指定扫描的分辨率，用每英寸包含的点 DPI（Dots Per Inch）表示。如果用 300DPI 来扫描一幅 8×6 的彩色图像，就得到一幅 2400×1800 个像素的图像。分辨率越高，像素就越多。

④打印分辨率：图像打印时每英寸可识别的点数，也使用 DPI（Dots Per Inch）为衡量单位。扫描分辨率与打印分辨率是有区别的：扫描分辨率反映了扫描后的图像与原始图像之间的差异程度，分辨率越高，差异越小；打印分辨率反映了打印的图像与原数字图像之间的差异程度，分辨率越接近原图像的分辨率，打印质量越高。两种分辨率的最高值都受到设备的限制。

（二）图像文件格式

1. BMP 格式

BMP 是非压缩的位图图像格式。这种图像格式比较简单，图像没有失真，使用也比较容易。BMP 是 Windows 所使用的基本位图格式，也是 Windows 操作系统中的标准图像文件格式，能够被多种 Windows 应用程序所支持。BMP 的特点是包含的图像信息较丰富，支持各种颜色深度，最高能存储 24 位彩色图像，但不支持 Alpha 通道。一般 PC 图形软件都能对其进行访问，非压缩存储能使它们大多数的应用程序很快装载，但由此导致了它与生俱来的缺点——占用磁盘空间过大，有时一张高保真的照片，可能要占用几十兆的硬盘空间。

2. GIF 图形交换格式

GIF 是互联网上使用最早、应用最广泛的图像格式。GIF 格式储存 8 位 / 点至 1 位 / 点的图像，其原理是减少每点的存储位数以减少图像文件的大小，即常说的减色抖动。准确来说，GIF 减少了图像调色板中的色彩数从而存储时达到减小文件大小的目的。现在我们制作一幅全色图像（RGB 模式），制作一份 GIF 的文件之前，必须将其图像模式转为 8 位的索引颜色模式（INDEX 模式）。GIF 可以同时存储若干幅静止图像进而形成连续的动画，使之成为支持 2D 动画的为数不多的格式之一（称为 GIF89a）。在 GIF89a 图像中可指定透明区域，使图像具有非同一般的显示效果。GIF 是一种位图文件格式，为 Windows、UNIX、Amiga 和其他平台所支持，也支持 LZW 压缩。目前互联网上大量采用的彩色动画文件多为这种格式的文件，可以通过一些图像软件制作或由其他格式转换而产生。

GIF 格式的特点是压缩比高，磁盘空间占用较少，下载速度快，可用许多具有同样大小的位图图像文件组成动画。考虑到网络传输中的实际情况，GIF 图像格式还增加了渐显方式。GIF 的缺点，即不能存储超过 256 色的图像，最大图像像素是 64000 × 64000。

3. JPEG 格式

JPEG 由联合照片专家组（Joint Photographic Experts Group）开发并命名为 TSO 10918-1。JPEG 文件的扩展名为 .jpg 或 .jpeg，是丢失少量信息的压缩格式，尤其适用于屏幕和打印显示，所有主要的计算机平台和互联网 Web 浏览器都支持 JPEG 格式。由于是少量信息丢失的压缩，与原始文件比较，JPEG 图片质量有所下降，也不能恢复，除非返回原始文件。其优点是文件更小，影像质量在多数情况下都是可以接受的。JPEG 不推荐作为档案文件格式。

所有静止图像压缩格式中，JPEG 格式应该是我们最为熟悉也是应用最为广泛的格式之一，它为我们在有限的空间存储或者交换大量的图像信息提供了可能。对一幅容量为 1MB 的彩色图像，JPEG 可将其压缩至仅有 30KB，而且基本上不损失图像原有的品质。

4. PNG 格式

便携网络图形（PNG）格式是 GIF 格式的后继方案，开发于 1995 年，已经被美联网（CompuServe）采用以替换 GIF。

PNG 支持以调色板为基础的图像（8 位）、48 位的 RGB（真彩色）或 16 位灰度级。PNG 图像不像基线 JPEG 那样，保存及再保存都不会降低其质量，这对中间阶段编辑的存储非常有用。照片图像在编辑之后转换成 JPEG 格式比较好。与 JPEG 比较而言，PNG 不具有多图像支持的特征。

5. TIFF

标记图像文件格式（TIFF）由奥尔德斯（Aldus）公司（已与奥多比公司合并）和微软联合开发，虽然最初是面向桌面出版应用程序，但已经被广泛应用在许多计算机平台上，并且实际上已经成了一个工业标准格式。它是一种无损（不丢失信息）压缩格式，用于在应用程序之间和计算机平台之间交换文件。因为它存储的图像细微层次的信息非常多，图像的质量也得以提高，故而非常有利于原稿的复制。Adobe Photoshop 和其他位图编辑程序通常使用这种格式，它可以用来存储彩色影像，还可以用来作为档案文件格式。TIFF 格式是无损压缩，影像压缩和解压缩之后的数据与原始未压缩的文件完全一致。

6. PDF 格式

便携文档格式（Portable Document Format，PDF）图像使浏览、打印更为方便快捷，分辨率高，并可以用于把多个文件组合成章节及一本书。PDF 格式可以提供辅助导航工具，如一个文档页面之间的超级链接，以及从一个 PDF 文档到另外一个文档的导航工具。

（三）常用图像处理软件

1. 微软的"画图"

微软的"画图"程序是 Windows 操作系统附带的一个图像处理软件。选择"开始"→"程序"→"附件"→"画图"命令启动该软件。该软件简单方便，虽比不上专业软件功能强大，但非常小巧，进行一些图形的绘制、擦除和裁剪非常方便。如果不需要对图像做很多艺术上的加工，"画图"是个很好的软件。

2. Adobe Photoshop

Photoshop 是美国奥多比公司开发的图像处理软件。Photoshop 可以对图像的各种属性，如色彩的明暗、浓度、色调和透明度等进行细致的调整，以获得满意的效果。Photoshop 的变形功能可以对图像进行任意角度的旋转、拉伸和倾斜等变形操作，使用滤镜可以产生特殊效果，如浮雕效果、动感效果、模糊效果和马赛克效果等。Photoshop 的图层和通道处理功能提供丰富的图像合成效果。

3. Painter

绘画者（Painter）是一款专门用来制作计算机图形与图像的软件，其功能也非常强大。它能够在计算机上做出使用实材创作的效果，使作品表现出非常强的真实感，得到了很多用户的支持。

Painter 软件在功能上的一大特点就是对图画材质的表现，除了准备各种各样的画笔以外，画布的种类也是多种多样的。无论选择哪一种，其真实性都无与伦比。例如，使用水彩在画布上作画会出现颜色的渗透和彩晕，该软件都能把它表现出来。如果色彩出现重叠，还可以表现出微妙的颜色混合的效果。

第五章　信息技术课程项目化教学前期分析

第一节　项目学习的教学分析

教学分析是教学设计的一个重要环节，在开展具体的教学活动前对影响学生学习的各项要素进行整体分析是十分必要的。

一、大学生特征分析

在校大学生的总体特点是年龄一般都处于 18 至 21 岁，形成的知识结构还不够完善，但个体的认知能力、思维能力都已经具有了各自的特点。按照心理学家皮亚杰的认知发展期计算，高校的学生认知已经发展到形式运思期。处于这个发展时期的学生思维比较活跃，能够理解和接受抽象的事物，并且能够按照一定的科学法则和思维方式进行探索和学习。从该时期学生认知发展水平来看，认知能力已经进入了抽象思维和逻辑思维的最高阶段。就其具体表现如在观察力方面，此学习阶段的学生观察更具有目的性，观察事物或问题更倾向于精确方向并且观察所能持续的时间也比基础教育阶段学生观察得更加持久。这些方面都体现了高校的学生能够对事物或问题进行有目的的观察并能对观察过程进行自我调控。从学生思维发展特点来看，高校的学生正处在学习专业技能的最佳时期，思维比较活跃并且具有自主探究学习的能力。他们渴望自我价值的实现，所以具有很强的可塑性。这种可塑性可以通过创新能力、协作能力、探究能力、反思能力等体现出来。一些学生在高中或中专阶段没有系统地学习过信息技术方面的知识，缺乏一些基础的计算机知识。因此，根据该阶段学生的实际特点和学习基础，选择恰当的教学方法对学生的学习是十分必要的。

二、高校信息技术课程特点分析

信息技术是一门融知识与技能为一体的新型学科，它不同于以往基础教育阶段的语文、数学等传统课程。它强调对学生信息意识、信息素养以及信息技能方面的培养，注重引导学生利用信息技术手段去解决实际问题。笔者在明确信息技术课程培养目标的基础上，总结出信息技术课程具有适合开展基于项目学习活动的特点，具体如下：

（一）信息技术课程的内容和形式多样，具有整合性特点

整合性是信息技术课程的基本特征，与其他课程相比，信息技术课程更具有交叉性和综合性的特点。信息技术课程除蕴含本学科的信息知识和技能外还涉及文学、外语、数学以及综合实践活动等课程内容，因此信息技术课程整合性的实质在于学科内容之间的联系性和其支持知识结构的整体性。信息技术课程在教学中将原本单一的知识内容与其他学科相联系，淡化学科之间的界限，倡导学生利用所掌握的信息技能去学习其他学科知识或解决实际问题，从而形成了具有知识整合性特点的课程。对高校教育而言，项目学习方式始终秉承着"工学结合、深度整合"的教育理念。而信息技术课程整合性的特点恰好为项目学习在该课程的实施提供了可行性条件。

（二）信息技术课程注重操作和过程，具有很强的实践性特点

实践性是信息技术课程的本质特征。信息技术课程是一门实践性很强的课程，它注重培养学生的实践操作能力。信息技术课程所传授的知识内容大都不需要学生采用死记硬背的方式，学生真正需要面对的是如何将掌握的知识和技能与实践相联系的问题。信息技术课程注重培养学生搜集信息、选择信息、利用信息、表达信息以及最终创新地运用信息技术知识来解决实际问题的能力。项目学习是"以活动为中心、学生体验为中心"的教学方式，它注重学生在实践过程中通过解决问题获得全面完整的知识。而信息技术课程也是鼓励学生在"做""实践""探究"中理解与掌握知识和技能的。因此，高校信息技术课程是适合开展项目学习活动的。

（三）信息技术课程注重个性培养，具有很强的创造性特点

创造性是信息技术课程的主要特征之一。首先，信息技术课程提供给学生的学习任务往往是具有开放性特征的，它不再局限于仅告诉学生如何一步步完成任务的形式，鼓励学生行使自由思考的权利，灵活应用自己所掌握的信息技

术知识和技能，发挥创造能力，展示个人创意。例如，要求利用信息技术知识对自己班级进行介绍的任务中，不同的学生就选择不同信息技能和知识完成学习任务。有的学生创建了一个具有班级风格的网页，而有的学生则制作了精美的电子小报来介绍班级文化。由此可见，信息技术课程为学生提供了巨大的创造空间。在项目学习中作品制作过程是其中一个十分重要的环节。在此过程中，学生将自己所获得的知识和技能以具体作品的形式展示出来。学生充分发挥自己的创造能力制作的作品更是形式多样，由此看来项目学习方式与信息技术课程一样注重学生个性的培养，为学生提供了巨大创造空间。

综合以上对高校信息技术课程特点以及项目学习方式的总结，我们发现高校信息技术课程具有许多满足开展项目学习活动的特点，这些特点为项目学习在该课程中的应用提供了支持和保障。

三、职业教育中项目教学法的特征分析

职业教育中的项目教学法是指在教师指导帮助下，学生以个体或小组的形式创建一个完整的实践项目而进行的一系列教学活动。学生运用所学知识，在具体的工作情境下亲手制作设计产品，解决实际工作问题。职业教育中项目可以是设计与制作一件产品、编写一个程序、制作一个网站、排除一个故障、提供一项服务、解决一个问题。职业教育中项目教学法有以下特点：

（一）教师成为教学的组织者、监督者和协调者

项目教学法中学生是主体，教师由主体地位变为主导作用，教师由台前转到了幕后，对教师提出更高的要求，增加了教师工作的强度。在项目选择上要求教师有较多的创造性思维和实践经验，在项目实施和成果展示评价阶段要求教师具有良好的组织、沟通和协调能力。

（二）以项目为载体开展教学活动，最终目标是培养学生的综合职业能力

项目教学法不是孤立于整个专业或学校教学之外的教学活动，通过完成项目来提升学生就业竞争力、可持续发展能力和综合职业能力是项目教学法的最终目标。教师要从各方面充分思考，使项目教学法具有更加明确的目标取向，避免出现"为项目教学而项目教学"的不良状况。虽然教学的整个过程都是围绕完成项目而展开的，但项目只是完成教学目标的载体，并不是其最终目标。其最终目标是培养学生的综合职业能力。

（三）通过创设真实或仿真的实践情境培养学生职业能力

高校教育的职业本位观决定了学习阵地必须以实训场所为主，以工作任务的真实内在结构作为课程结构。根据高校计算机专业学生未来职业定位和学生将来的职业真实的工作任务应用到的内容来开展项目教学法，构建一个能够促进学生职业能力的真实的或仿真的学习阵地，让学生在真实情境中激发学习动机。要在工作情境背景下根据岗位需求，以工作过程为基础，以项目为主体，加强培养学生的职业能力。单纯的任务驱动法和案例法很难提升学生的职业能力。

（四）需要综合多学科知识和技能来完成项目

项目课程需要依托一定的课程支撑，部分项目任务内置于某一课程之内，一般放在该课程结束后作为该课程的后续延伸活动，加深课程内容的理解，达到学以致用的目的。大部分项目教学法开展要融合到综合课程中，项目任务需要一系列前导课程支持，这就需要综合运用多学科知识和技能，创设工作环境、以项目为载体，连接知识与工作任务，对知识和技能重新融合和建构。

（五）项目实施过程以个体或小组形式由学生自主完成

学生是自己项目完成的负责人，以个体或小组形式，根据项目的复杂程度和项目的大小自行制订项目计划，实施项目，积极主动进行项目探究，最终完成项目上交作品。学生在完成项目过程中培养了独立解决问题的能力和合作、沟通、协调能力。

四、项目学习在信息技术课程中的教学目标分析

（一）项目学习应用在信息技术课程中的目标取向

教学目标是教学工作中的一个重要问题，它对我们日常的教学活动起着指导性作用。在把项目学习应用到信息技术课程中时，我们应该从知识目标、能力目标、素质目标三个取向来综合考虑教学目标。

1. 知识目标取向

知识目标是信息技术课程中最基本的目标取向，通过信息技术课程的学习，学生除掌握某些基本的信息技能外，还要了解某些基本的信息技术基础知识，如信息的表示及编码基础、信息存储基础以及信息安全等方面的知识。在高校信息技术课程开展项目学习活动时，无论是最初的项目设计还是整个教学过程

的设计都要考虑到知识目标的实现，注重引导学生在开展项目学习过程中形成全面合理的知识结构。合理的知识结构能够满足现代社会对操作型、应用型人才的需求，体现出职业教育的特点。

2. 能力目标取向

能力目标是在知识目标的基础上形成的。但能力目标不同于知识目标，知识往往是存储在脑海中的，但能力却更多地体现在具体活动中。信息技术课程本身就是一门实践性很强的课程，它注重学生应用信息技术知识和技能解决实际问题的能力。在信息技术课程中开展项目学习活动，就要求学生在完成某个具体学习项目时能够将信息技术的知识和技能进行抽象和内化，提高学生信息技术知识和技能的应用能力，从而形成更加全面合理的能力结构。

3. 素质目标取向

就目标层次而言，素质目标所涉及的层次要高于知识目标和能力目标。素质是由多种品质综合而成的，其中包括自主学习、与人协作以及解决问题的能力等。在高校信息技术课程开展项目学习活动，除了要关注知识目标和能力目标的实现，还要关注对学生自主学习、与人协作、信息技术应用意识等综合素质的培养。

（二）项目学习应用在信息技术课程中的目标

通过项目学习在信息技术课程中的应用，学生能够在亲身实践、协作学习、完成学习项目的过程中获得完整全面的知识结构，提高学生自主探究的学习意识，促进学生灵活运用知识，在主动发现问题、分析问题以及独立解决问题的过程中形成各项能力，增强学生的专业素质和信息素养。具体来说，主要包括以下三个方面的目标：

①知识目标：熟悉信息技术常用的获取、呈现、管理信息的方法，熟悉Windows 的基本操作，熟识 Word、Excel、PowerPoint、FrontPage 等软件的工作界面，掌握 Word、Excel、PowerPoint、FrontPage 等软件的基本操作。掌握互联网的基本应用功能，如电子邮件的应用、文件的下载、页面的保存、文件夹的使用等。

②能力目标：能够从实际生活中找到可利用信息技术解决的问题，利用某些信息技术的知识和技能进行有效的信息获取和分析。熟练应用信息技术对信息进行整理，通过对 Word、Excel、PowerPoint、FrontPage 等软件的操作完成信息作品。

③素质目标：培养学生积极主动学习信息技术的态度，提高自主探究、自主学习的学习意识，增强学生探究能力、与人协作能力以及利用信息技术解决实际问题的能力。

第二节 项目学习的应用分析

一、信息技术课程教学现状分析

当今我国开展的信息技术教育工作是以两个方面为中心展开的：一方面是将信息技术教育作为一门单独学科开展教学，尤其在高等教育阶段更是将信息技术课程作为一门基础的工具课划为学生的必修课程之列；另一方面大力倡导将信息技术与其他课程进行整合，充分发挥信息技术的优势，为学生的学习和交流提供更好的技术支持。

近些年，我国信息技术教育取得了一些成绩，但是在发展信息技术教育过程中我们也确实发现了一些问题。例如，在课堂教学中，教师按照传统的教学方法，先是按部就班地将各种知识点进行简单的串讲，即使对某些需要实践练习的软件学习也是按照教材的先后顺序进行罗列演示，这种教学方式还是将学生置于了信息接收者的位置，忽视了学生动手能力和主体意识的培养。在上机练习课中，许多教师仅仅是布置一些课堂教授的知识点练习任务，让学生自由练习。学生处于放任自流的状态，许多学生由于缺乏具体的练习目标和任务造成学习过程茫然，丧失信息技术练习的兴趣，致使部分同学将上机练习课变成了自由上网课。这是信息技术课程教学中存在的比较普遍问题，为了更好地了解院校信息技术课程教学的现状，笔者对某职业技术学校进行了实地考察，通过听课记录、问卷调查的形式，进一步了解了信息技术课程教学的现状。

（一）对学校信息技术课程教学整体情况分析

笔者选择某职业技术学院作为试点学校，该校是当地主要职业院校之一，教学质量较好，为社会各界输送了大量素质优良的职业技能人才。该校的信息技术课程是所有专业学生的必修课程，学校配有专门的多媒体教室和上机练习的中心机房。其中大小机房共有 14 个，大机房配有 60 台机器，小机房配有 30 台机器，每台机器都能连入互联网和学校内部的局域网，从硬件上保证每个学生的学习需求。该校供职的信息技术课程教师有 9 名，均为本科以上学历，师资水平良好。每位教师承担 2～3 个专业的信息技术课程教学工作，每周有一节的理论讲授课程和一节的上机课程。总体来说，信息技术课程时较少，教师工作任务量较大。

（二）问卷调查的分析

在开展项目学习前，笔者对学生进行了问卷调查，了解学生学习动机与学习习惯、对现有的教学组织形式和评价方式的态度、协作学习意识、信息技术应用意识方面的情况，初步掌握了学生现在的学习情况和感受。

1. 学习动机与学习行为

经调查，对于选择上职业学校的原因有 83.3% 的同学都是为了学一技之长为就业做准备。而对于学习信息技术课程的兴趣方面，有 64.4% 的同学表示学习信息技术的兴趣一般，这说明信息技术课程的开设没有激发学生的学习热情。在学习习惯方面，有 20% 的学生有课前预习的习惯，其中仅有 4.4% 的同学在课前进行全面的预习，在课后有复习习惯的占 22.2%，其中全面复习的仅占 6.7%，而在学习主动性方面也仅有 38.9% 的学生有主动获取知识的意识。

以上是对该职业学校学生的学习动机兴趣与学习习惯的调查。调查结果表明学生选择职业学校的目的很明确，基本上都是为了以后工作。多数同学对待信息技术课程的态度不是很热情，认为信息技术知识与自己专业关系不大。在学习行为方面，许多学生没有课前预习课后复习的学习习惯，在获取知识方面缺乏学习的主动性和自主学习的意识。

2. 对现有的教学组织形式和评价方式态度

经过调查，该校有 45.6% 的学生认为现有的教学方式比较枯燥，有 42.2% 的学生认为现有教学组织形式很一般。对于希望的组织教学方式，有 23.3% 的学生选择传统的教师讲授为主的教学方式，还是有 60% 的同学选择教师讲授与学生自主学习相结合的方式。在信息技术课程的评价方式上有 58.9% 的学生不满意仅仅依靠笔试和上机操作来检验学生的学习水平，其中有 11.1% 的学生希望通过对指定作品的评价来检验知识的掌握水平。

调查结果表明，对于现有的传统教学方式许多学生并不是很认可。在选择自己希望的学习方式上，多数学生还是有意愿采用讲授和自主学习相结合的方式；在信息技术课程评价上，多数学生还是不赞同仅靠笔试和上机来检验学习水平的。

3. 协作学习意识

在问卷调查中，对于"当学习遇到问题时，你将会首选哪种问题解决途径时"，有大约 44.4% 的学生首选请教老师，而仅有 31.1% 的学生首选与同学讨论寻找解决方案，这说明当学生遇到学习问题时，首先不是寻找同学进行讨论交流而是采用问老师的传统学习方式。对于问卷中"你认为协作学习在日常的学习中是否重要"的问题，仅有 26.7% 学生认为极其重要，而有 53.3% 的学生认为不重要。以上的调查结果说明，在开展"项目学习"前学生更倾向于遇到问题找老师的传统学习思想和学习方式，同学之间进行协作学习的意识和能力存在不足。

4. 信息技术应用意识

在调查中，当问及"你在学习专业知识的时候是否应用了信息技术课程中的知识"时，有 37.8% 的学生选择偶尔会用到，约有 42.2% 的学生选择从来没有用到。当问及"你认为你以后的工作是否会用到信息技术课程所学到的知识和技能"的问题时，有 47.8% 的学生认为将来工作基本不会用到信息技术知识，仅有 28.9% 的学生认为以后工作会经常用到信息技术方面的知识和技能。以上调查表明，大多数学生对信息技术知识的学习还停留在单科学习和考试的思维中，还没有形成运用信息技术知识来解决问题的意识。

综上所述，高职学生整体在学习习惯和行为方面还是存在许多问题的，缺乏对信息技术课程的学习兴趣，对现有的教学方式和评价方式也不是很满意。学生在协作学习和信息技术应用意识方面还存在不足。笔者认为将一种新型的教学方式——项目学习引入信息技术课程中是十分必要的。项目学习打破了传统的"以课堂为中心、以教师为中心、以课程为中心"的教学理念，秉承"以活动为中心、以学生为中心、以体验为中心"的教学思想，将学生放到了学习主体的位置，学生在不断的实践活动中通过自主探究和与人协作的形式获得全面完整的知识技能，在此过程中学生的实践能力、创新能力、与人协作的能力都得到了较好培养。

二、项目学习在高校信息技术课程中应用的可行性分析

（一）学生自身能力为项目学习活动的开展提供前提条件

首先，进入高校的学生年龄一般都处于 20 岁左右，他们无论是在心理还是生理上都逐渐成长为成熟的个体。与中小学生相比，这些学生在个性方面更

强调自主性与独立性，在学习方面更加能够明确学习目标，掌握学习方法。这些特征为学生进行独立学习奠定了基础。其次，进入高校的学生在经过了多年的基础教育培养后，已经掌握了一些学习的方法和技能，这些方法和技能为学生进行独立学习提供了必要保证。

（二）学校内各种资源为项目学习活动的开展提供必要条件

在人力资源方面，高职院校拥有许多知识和经验丰富的教师群体。这些教师除从事教学活动外还有许多科研任务，在长期从事各种课题的研究中他们积累了许多宝贵经验。项目学习是以学生为中心展开活动的，但是这其中不能忽视教师的主导作用。具有宝贵教学和科研经验的教师为学生提供必要的指导和帮助，对学习活动的顺利进行是十分有利的。

在信息资源方面，高校的图书馆为学生查阅书籍搜集资料提供了便利场所。项目学习活动的实施首先需要学生具有搜集资料和研究资料的能力，而图书馆则成为学生获取资料的主要阵地。同时开放的机房为学生随时查找网络信息提供了方便。

（三）学校的教学管理方式为项目学习活动的开展提供充分保证

高校的教学管理方式不同于基础教育阶段的学校管理方式，它允许学生根据自身的兴趣爱好，自主地、有计划地选择学习课程，形成满足自身发展的知识结构，这一特点与追求单一教学目标的基础教育有着本质的区别。高校的教学管理方式为学生学习不同领域的知识内容提供了机会，学生可以从不同角度来完成学习项目，为学习活动的顺利开展提供有利条件。此外，学习项目的完成一般需要较长的时间，恰好高校没有基础教育学校的升学压力，因此学生就有更多的自由时间投入学习探索中，这些都为项目学习活动在高校的顺利开展提供了充分保证。

三、项目学习在信息技术课程中应用的意义

项目学习作为一种新型的教学模式，不同于传统的接受性学习，它打破了以"课本、教师、课堂"为中心的教学模式，秉承建构主义教学思想，坚持以学习者为中心，鼓励学习者根据自己的兴趣和专长选择学习内容，在不断的实践体验中实现对知识全面的理解。项目学习将学生放到了学习的主体位置，学生成为学习的主人，从而激发了学生参与学习的内在动机。项目学习在信息技术课程中应用的价值主要体现在以下几方面：

（一）能够激发学习热情，促进学生自主学习

项目学习是以建构主义思想作为指导的，它倡导学生根据自身的兴趣和专长来选择学习项目和内容，从而给学习者营造一个自主、开放、放松的学习环境。项目学习给予了学生充分的自主学习时间和自主选择的权利，学生的内在学习动机得到了很好的激发，从而唤醒学生自主学习的意识。在开展项目学习活动的过程中，学生能切实感觉到自己成了学习的主人，无论是从前期的项目选择、中期的信息搜集和计划制订还是到后期的作品制作与成果展示，都是学生自己控制整个学习过程，以一种自我体验、主动参与、自主探究的新型学习方式完成学习。项目学习以尊重学生的个性为前提，唤醒学生自主学习的意识，培养学生成为善于自主学习的思考者。

（二）能够提高学生的问题解决能力

项目学习是以某个具体的问题为中心展开活动的，它不是对知识机械地再现，而是要求学生利用自己所掌握的知识和技能，通过搜集信息、分析研究资料，在形成自己独立观点的基础上解决实际问题。项目学习摒弃了教师讲学生听的传统教学模式，教师在学习过程中仅仅是充当引导者和帮助者的角色，而学生则拥有充分的自行选择、安排自己学习的权利。项目学习强调学生的实践动手能力，鼓励学生将所学到的知识和技能应用到具体实践中。项目学习将学生的动脑和动手能力结合在一起。在动脑方面倡导学生发现问题，从不同角度审视问题并寻求解决方案；在动手方面鼓励学生亲身实践体验，并在形成解决方案的基础上创造性地制作独特作品来完成项目学习。因此，项目学习应用于信息技术课程中能够很好地培养学生的动手能力和问题解决的能力。

（三）促进信息技术与其他课程整合

项目学习所选择的项目是以实际生活问题为依据的，真实性是该教学方式主要特征之一。然而项目学习同时又具有跨学科性，即项目内容往往无法仅仅局限于一门学科，需要学生结合多门学科的知识和技能才能解决。项目学习将多种知识点、技能融合在一起，淡化了学科之间的界限。

信息技术与课程整合不是机械地将信息技术迁移到课堂教学中，它实际体现的是一种高能力教学与技术的融合。在开展项目学习的活动过程中，信息技术与其他学科整合的意义不再仅仅局限于一般意义的课程整合，它所体现的目标是多方面的。首先，在信息技术课程中开展项目学习活动，使学生通过完成一项综合的学习项目来实现对信息技术知识的学习，很显然这种教学方式不仅

使学习者能够灵活掌握和应用信息技术知识和技能，还能够在培养学生信息素养的同时提高对其他学科的学习。项目学习具有信息技术与课程深层次整合的意义，它使学生在不断的实践中获得对知识全面的理解。

（四）有利于培养学生的信息素养

信息素养是指信息社会中人在文化素质、信息意识、信息技能方面所具有的能力。

项目学习为学生营造了一种开放且富有启发性的提高信息素养的氛围。如果要成功完成一个项目学习过程，在明确项目内容后，学生首先要搜集查找各种相关信息。这就对学生的探索能力、思考能力提出了要求，使学生成了自己环境的观察者。因此，项目学习在培养学生的信息意识方面起着促进作用。在搜集到足够的信息资料后，学生要从大量信息中提炼出有用的信息，通过对新旧知识的对比增加自己的信息量，并综合有用信息形成新的观念，这就要求学生具有评价信息和综合应用信息的能力。信息技术课程除传授学生相关信息知识和基本信息技能外还注重培养学生的信息素养。将项目学习引入信息技术课程中，以某个具体综合性的学习项目为中心展开学习，可使学生在灵活应用信息知识和技能解决实际问题的基础上，大大提高学生的信息素养。

（五）有利于积累学习经验

项目学习鼓励学生通过自主参与、亲身实践的形式完成学习内容。它倡导知识的获取必须依靠学生的主动体验，体现了"做中学"的教育理念。美国教育家杜威指出："教育是在经验中、由于经验、为着经验的一种发展过程"，学习的过程本身就是经验积累的一个过程。在信息技术课程中开展项目学习活动时，教师不再是整个学习的控制者，学生真正成了学习的主人。教师仅仅是整个学习过程的引导者，在学生学习中遇到问题时，教师又成为学生学习的帮助者，给予学生一定的指导和示范，帮助学生完成整个学习过程。在整个学习过程中，增加了学生知识构建的机会，学生的高级思维以及情感素养都得到了很好的培养。信息技术课程开展项目学习活动有助于学生将学习过程和经验积累起来，对信息技术知识的迁移起到了很好的促进作用。

（六）促进学生的职业能力的提高

职业能力是职业教育关注的主要问题，以往主要是通过传授知识与练习来培养职业能力。然而研究表明，只有通过实践工作将知识表征出来更有助于学生职业能力的培养。职业能力是运用所学知识解决工作中问题的能力，所以说单纯知识的掌握不能代表职业能力的发展。项目学习在信息技术课程中的应用就在学生的"学"与"用"之间建立了"零通道"。项目学习为学生营造了一个近似真实的"工作场"，将原本信息技术课程中抽象、单一的知识和技能与学生的专业知识联系起来。它打破了仅仅注重"知识储备"的理念，注重引导学生在完成项目任务的过程中主动构建理论知识和实践技能，在创建的职业情境中提高和培养学生的职业能力。

第六章 项目教学法在信息技术课程中的应用

第一节 信息技术课程项目教学法的设计要求

知识和能力不是教师在教室中教出来的，是学生"做中学"练出来的。传统的信息技术课程存在着学生被动接受知识、无法在现实中学以致用等各种弊端。在信息技术课程实施项目教学法，教师要精心地进行教学设计，教师和学生的角色也要适应项目教学法进行重新定位，还要做好项目教学成果的规范。

一、信息技术课程项目教学法教学设计

（一）项目教学法教学设计原则

信息技术课程项目教学法是以学科体系为驱动力的项目开发，教学设计要以教学项目的选择与设计为基础，项目教学法内容的组织和项目设计要遵循四项原则：

1. 以学生为中心的原则

项目教学法的主体和中心是学生，教师起主导作用，要考虑学生的现有知识水平和实际技能，要让学生动手做，要激发学生的学习兴趣。

2. 以实践为中心的原则

项目教学法就是把实践引入高校信息技术课程教学中来，使学生通过实践来掌握知识和技能，要充分考虑到学习过程和项目内容的实践性。

3. 开放性原则

项目的开发过程是多元的、循环的、开放的。项目的开发是教师、学生、企业人员等多方共同参与的过程，还是一个循环的过程。项目完成后要反思和

重新修订，项目内容、问题解决过程和方法允许多样化，要给学生创造性发挥留有余地。

4.适度性原则

项目教学法在高校信息技术课程教学上也不是万能教学法，也不是适应于每个知识点，也不是适用于每一节课，在运用时要扬长避短避开各种限制性条件，追求项目教学法实施效果的最大化。项目任务的选择和开发要考虑其实施所需的各种资源条件，如时间、场所、教师、学生、实践资源、费用等。

（二）项目教学法学习环境的建设及技术与资源支持

1.项目教学法学习环境建设

随着建构主义学习理念的兴起，教学设计的重心逐渐转向"学习环境设计"，注重学习环境的真实性与互动性。项目教学法学习环境与传统的学习环境相比有着本质的不同。项目教学法的学习环境是由学习者、项目和资源工具构成的共同体。项目教学法的学习环境建设策略包括针对项目任务的真实性策略、针对资源工具的支持性策略和针对学习者的交互性策略。

（1）针对项目任务的真实性策略

真实性策略包括设计真实的项目任务、建设实训中心和创建实践共同体。

设计真实的项目任务是指把真实工作中的工作任务设计成项目。例如，按照计算机专业岗位群对各层次岗位的要求，制定贯穿课程的实训项目，根据学生将来的职业真实的工作任务应用到的内容开展项目教学法。教师要深入企业调研和学习，到专业对应岗位寻找项目，项目来源于企业真实的计算机工程项目，这样可以保证学生体验到未来职业岗位中的真实工作任务。要对项目进行科学整合，保证每个项目的典型性、系统性和完整性，使众多项目形成的项目群覆盖整个计算机专业的培养目标。

高校通过建设具有仿真功能的实训中心来实现具有真实任务的项目。实训中心要按照工作实践、工作要求来设计。根据学校实际情况，加强计算机实训中心的建设，校企合作，共建软件开发实训室、软件测试实训室，由公司提供教学案例、实训项目、实训平台，公司技术人员担任兼职教师进行指导。

实践共同体是指将对某一特定知识领域感兴趣的人组织起来，围绕这一知识领域共同学习和工作，并共同分享和发展知识。项目组成员构成一个小"圈子"、鼓励项目组成员讨论交流。项目组要保持相对稳定，稳定一段时间后，根据异质性原则进行重新分组，保证小"圈子"里既有师傅也有徒弟。从徒弟变为师傅、从新手变为老手，从"合理边缘参与"到中心人物就是从实践共同体的边缘进入了中心，参与更多活动。

（2）针对资源工具的支持性策略

支持性策略是指给学生提供丰富的学习资源，帮助学生选择合适的技术工具。学习资源是指一切能够帮助教与学的有形和无形资源的总和，主要指支撑教学过程的各类软件资源。项目教师要为学生提供与项目有关的各种学习资源，包括讲授性的课程资料、相关文献资料库、数据库、相关案例库、离线学习资源、学生作品集等，可以是本地资源，也可以是相应内容的外部链接，要教会学生从网上获取这些资源。技术工具包括信息技术、网络技术、多媒体技术和现代教育技术等，就是让学生利用信息技术工具去学习，教师提供工具促使和帮助学生组织和建构知识，如为学习者提供 QQ 群等支持学生之间交流与协作，建立网上专题论坛（BBS）为学习者提供支持和帮助。

（3）针对学习者的交互性策略

交互性策略就是指创建互动的学习共同体。高校信息技术课程项目教学法由学生和助学者（教师、管理人员、技术人员、专家）共同构成互动的学习共同体，一起沟通交流、分享学习资源，共同完成项目任务。在学习共同体中学生可以与同伴或远程同伴互动实现协作性的知识建构；可以与助学者沟通互动获得一定的支持帮助。创建互动互助的学习共同体要从多方面着手。学习中心应有一个相对大点的空间使全班同学能聚在一起，用于教师讲解、演示、布置项目和学生讲演、演示作品，还应有一些相对小些的空间便于小组学习和活动，倡导多样化的座位排列：马蹄形或新月形的座位安排使学生讨论时能看见其他人，圆形座位排列适合讨论和交互学习。计算机机房要能上互联网，并安装多媒体教学软件使其具有演示功能。本着以学生为中心、集体任务集体负责的原则创建良好的共同体文化气氛，让学生认识到自己是在一个团体中学习，团体对自己的价值和意义。教师要善于利用基于网络的知识论坛、QQ 群等，实现学生在方便的时间和地点互动学习。由教师、学生、行政管理者、企业专家组成的项目指导委员会，共同设计指导项目的完成。

2.项目教学法技术与资源支持

在项目教学法中纳入现代教育媒体必能事半功倍，使教学效果大增，以便培养出学生网络时代应具备的综合能力。现代教育媒体包括硬件和软件两部分：硬件指装备或设备的机件本身，如计算机、校园网、多媒体教室等；软件指教学内容、教学软件、多媒体课件包等。网络不仅是学习的一种途径，也是一种学习资源和学习环境。以多媒体计算机为核心、网络为背景的现代教学媒体为项目教学法提供了良好的技术背景。主张开展基于专题学习网站的项目学习，提供与项目主题有关的大型资源库，借助于多媒体计算机和网络技术来完成项目教学活动。

（二）项目小组的管理

项目教学法开展的主要形式就是小组合作学习与实践，小组的划分与有效管理是项目教学法成败的关键。教师在充分了解学生的基础上，摸清学生目前的知识结构，合理搭配小组成员，使小组成员之间优势互补，适当控制小组的结构规模，保持一种动态平衡，可以是 2～3 人的微型组，也可以是 4～5 人的马蹄型组，小组规模控制在 2～6 人为宜，最常用是 4 人组。将不同层次的学生分组，保证每组由优、中、后进生组成。

1. 科学分组

将学生按系统分析、设计、实现、测试的角色分成 4～6 人的开发团队。根据经验分组的原则允许学生自由结组，同学关系融洽适合小组合作。其弊端就是学习好的学生自然结成一组，学习不好的学生自然结成一组，成绩差的组因能力差和积极性差，很难保质保量地完成项目任务。这时教师要对学生分组进行适当调整，让学生自由组合结成 2 人小组，教师再根据学生能力、学习成绩和性格组合成 4～6 人的项目小组，既保证组内每个学生都有一位要好的伙伴，又能使好学生督促帮助差学生，组成优势互补的项目团队。

2. 科学管理项目小组

小组成员确定后，要选出项目组长，也叫项目经理，是小组活动的召集人和管理人，是小组意见的整理人和反馈人。小组中要有明确合理的分工和合作，避免出现小组中个别成员承担大部分甚至全部工作，而某些成员一点工作不做的"搭车"现象。教师要通过观察和询问及时了解和监控各个小组的工作情况，指导小组成员如何沟通与交流，指导小组成员如何克服困难如何解决问题，提供技术指导和帮助。实行每周例会制度，保证小组有充分的时间交流。实行阶段评审制度，对项目的需求分析、软件设计、模块开发、集成测试等关键阶段的里程碑任务及时汇报。

二、项目教学法中师生角色的重新定位

（一）项目教学法中教师角色的重新定位

开展项目教学法的教师要给自己重新定位，教师的任务丝毫没有减轻，而是比传统教学中的任务更重了。计算机教师应根据项目教学法的特点调整自己的角色，实现工作方式的根本转变。

1. 项目教学法的研究者

信息技术课程项目教学法还处于探索实践阶段，还没有形成适合它的成熟的理论体系，尤其缺少应用到具体课程中可操作的东西，教师缺少项目教学法经验，缺乏软件公司的软件编程和测试的实践经验。教师要研究和掌握项目教学法的理论，使其符合本地本校信息技术课程的特定需要，根据信息技术课程的特点和学习规律给予合理运用，并对项目教学法的理论和实践进行总结和提炼，形成特色化的高校信息技术课程项目教学法理论，并掌握其所需的各种科学手段与工具。

2. 项目课程的开发者

项目教学法是高于传统课堂教学的一种教学模式或教学方法，专业教师要潜心研究教材和教学大纲，与企业专家合作开发适合项目教学法的校本教材、实训项目指导书及素材、项目化素材包、项目教学法实施案例。采用挂职锻炼的方式，每学期都选派四五名专业教师深入计算机企业，接受企业培训，参与公司项目开发，使教师熟练掌握开发工具、测试技术、工作流程，将企业真实计算机工程项目转化为教学项目，增加计算机课程开发能力，使开发出来的课程在实际操作中能真正实施到位。

3. 项目教学法素材知识库的建设者

现在的项目化电子资源构建体系远不能满足项目化教学的需求，在相当长的时间内现有电子资源仍是学生项目拓展学习的主要来源。在维护好原有电子资源的基础上，探索二次开发，加强现有电子资源的整合，提高访问便利度，开发适合项目化教学的校本特色电子资源。项目教学法教师要积极筹建项目教学法素材知识库，包括课程学习资源库和内部知识库。课程学习资源库包括在线项目课程资源、计算机工程项目案例、计算机工程项目作品、视频资源、答疑、专题学习网站、专题讨论区等学习资源，作为学生正式学习的内容。内部知识库包括文档资料库、维基百科、电子图书馆、"知道"系统、博客、开放讨论区、知识搜索引擎等，作为学生非正式学习的内容。

4. 学生的导师和顾问

在项目教学法中教师由"主体"转变为"主导",主要包括引导、指导、诱导、辅导和教导。教师运用启发式教学建立教师和学生双向交互的教与学通道,启发引导学生认真思考项目中体现的计算机工程领域和软件开发的问题。需要强调的是教师的"导"是在学生有需要的时候才给予提供的一种较含蓄的、间接的"导"。除了面对面的指导外,应该在专题学习网站或其他学习网站上提供教学辅导资料,如项目实训辅导IP课件、项目实训教程、项目实训范例和学生优秀作品观摩等。作为技术顾问,教师为学生提供相应的学习资源、计算机工程和软件开发的规范、方法和技巧,指导学生信息技术课程项目的实施按项目规划、迭代开发两个阶段进行。

5. 信息的咨询者

项目教学法中学生始终处于主体地位,教师只是给学生一些帮助、指导和建议。围绕项目教学法主题,教师重点是教会学生寻找、筛选、联系和运用各种信息,对收集的信息进行归纳总结,教会学生搜寻获取相应的教学资源、材料来支持学生主动探究完成项目。教师要积极寻求机会深入计算机相关企业锻炼,学习计算机相关工程的实践经验,熟悉计算机职业实践、计算机软硬件工程工作过程、工程规范等,以便在学生需要咨询帮助时给予指导。

6. 团队协调者

项目教学法要求项目由小组成员协作共同完成,计算机工程项目更注重团队合作与分工,项目制作过程教师要就遇到的各种困难和障碍及时帮助和协调。常出现的问题有:学生已经习惯了单打独斗缺乏协作意识、项目由核心学生"大包大揽"而其他人无所事事、小组成员讨论秩序混乱火药味浓,针对这些问题教师要"明察秋毫",给以适当协调输导,并给予适当评价。另外高校信息技术课程项目教学法中的项目涉及多个学科的知识综合运用,这就要求多门课程教师共同设计实施完成项目,这也要求教师具有良好的沟通协调能力。

(二)项目教学法中学生角色的重新定位

调动学生的主观能动性是项目教学法的主旨,教师是"导演",学生是"演员",因此学生是真正的主体,是知识与能力的自我建构者,学生之间是相互交流和协作的关系。这就要求学生必须改变传统的学习理念、态度和方法,学生的角色要与企业员工角色相结合,学习的内容要与职业岗位的内容相结合,在教学过程中调整学生角色为主动学习者、探究者、实践者、协作者和评价者。

1. 学生是主动学习者

学习是学生的天职，传统教育中学生是"受教育者"角色，突出的是单向、从属、被动承受之意，在项目教学法中学生是"主动学习者"，强调主动、自发地学习。高校信息技术课程项目教学法选择实际工作岗位的工作任务作为项目展开教学，学生始终是学习的主体，是学习的主人，是自主学习。通过项目完成，可以掌握计算机应用、软硬件管理等实践性很强的工作能力，为学生将来走向企事业单位做好技术上的准备。

2. 学生是探究者

在计算机软硬件工程项目的实施过程中会遇到各种困难和问题，学生从被动接受到主动探索学习，发现问题、提出问题、寻求解决问题的方法和策略。学生通过查资料、做试验、假设和求证，充分体验探究、决策、运用问题求解策略，最后得出结论。学生的探究只是科学研究的思维方式、研究方法在教育学习中的具体应用，所以探究不具备严格意义上的规范性。项目的设计要适当给学生"留白"，留给学生自己创造的空间。学生创造的平面作品、动画、网页等不要求千篇一律，要体现个性，只要学生把学到的知识和技能在作品中体现出来就行。

3. 学生是实践者

高校信息技术课程项目教学法"从教师那里听"转变到"从实践中做""从实践中学"，能使教学理论与实践找到良好结合点，强调学生通过亲身实践获得直接体验。将学生的学习目标定位成将来的工作岗位目标，在计算机工程项目实践中学习实事求是的科学态度、严谨认真的工作作风、良好的职业道德、团队协作意识、质量意识、规范的企业编程风格与习惯、良好的程序排错能力等。

4. 学生是协作者

项目学习以小组或群体的方式进行协作学习，小组在教师的指导下设定明确的项目目标，制订详细的项目计划，小组成员既有分工也有协作，展开交流讨论，实现知识和技能的共享和提升。学生除了小组内交流协作，还会与其他小组成员、教师、专家或网络同伴交流协作，培养学生的合作意识和团队精神。最终的项目成果展示、汇报也是一种协作与交流。

5. 学生是评价者

诊断性和反思性是建构主义学习理论的核心特征。项目教学法作为一种建构主义学习也不例外。学生作为评价的主体，要以个体或小组为单位自我评价总体规划能力、计算机编程能力、测试能力、网页制作能力，在评价过程中不断修正、反思、进步，从而主动有效地开展项目教学法。

（三）项目教学法中的师生关系

传统教学中的师生关系是教导者与被教导者之间的关系，就像"上下级关系"，教师作为权威学生必须绝对服从。教师与学生的交往是单向的，非交互性的。学生与学生之间是一种竞争关系，很难培养协作精神。

在项目教学法中教师要放弃传统权威，教师和学生都是主体，教师是主导的主体，学生是主动的主体，学生主动参与、主动探究，教学不再是自上而下的知识传递，学生以群体、小组、个体等形式进行合作学习和探究学习，学生不仅与教师交往，同时还要与学生交往。

第二节 信息技术课程项目教学法的实施策略

高校信息技术课程实践性和实用性强的特征很适合开展项目教学法。多年的实践和研究表明，项目教学法可应用在大多数的高校信息技术课程中。

一、全面计划与管理策略

（一）科学分析教学目标进行项目的选择与设计

项目教学法是学校教育框架下的一种教学模式、教学策略、教学方法的改革，项目的选择与设计是项目教学法的基础，是教师对教学内容的组织和设计。项目的选择要根据课程的实际情况，选择与课程紧密相关的能提高学生知识和技能的项目，选择与学生将来的实际工作有密切关系的项目。项目教学法主张根据学生未来职业定位和未来职业真实的工作任务来进行项目选择与设计。为了更好地选择和设计项目就要设计项目驱动问题，驱动问题像"灯塔"一样能激发学生兴趣，指引学生向着项目目标前进。设计驱动问题时要充分考虑学生是否能在某一时间段内完成项目，还要考虑可用的资源和学生的技能水平。所选项目最好是教师熟悉或亲自开发的难度适中具有一定挑战性的项目，一般不主张学生自主选择项目。教师可规定一个大致的选题范围和要求，由学生选择具体的项目，最后经过教师审核通过。项目的选择和设计分为项目选取、项目改造、项目分解三个阶段。

（二）制订科学可行的项目计划

计算机软硬件工程项目开发有严格的生命周期，项目的成功很大程度上取决于科学可行的项目计划，教师要帮助学生制订项目计划，并从计划的合理性与可行性方面给予严格把关。项目计划的内容主要包括：项目选取不要太大也不要太小，是否按生命周期法进行项目计划设计，分工是否合理，项目进度时间表，查阅的资料和资料来源，项目实践的形式和内容，经费预算和经费来源，项目成果的表现形式是否符合项目标准与规范等。要计划好项目完成时间，即从项目计划到项目最后的总结评价所需的时间，既包括小组成员合作时间，也包括成员独立工作时间。

（三）项目实施与控制

1. 项目实施

项目实施是项目教学法的主体，分为项目导入、子项目实施、项目整合。项目导入以说课的形式，向学生演示讲解项目的基本要求、组织安排、实施安排、评价标准。子项目实施过程中要向学生演示讲解子项目基本任务，以案例或任务的形式讲解关联知识。要避免教师在项目教学法过程中只布置任务而无作为，教师除了给予方向性、框架性的指导和方法上的指导外，还要在学生职业操守、操作规范、硬件和资源使用规范方面给予原则性指导，要对过程和结果进行监督，避免出现违规现象。当项目任务遇到困难、问题和意外事件时，教师要及时援助。教师还要给学生以精神和心理上的支持和鼓励，保证项目顺利进行。所有的子项目完成后，要将所有子项目整合成一个完整的项目，教师只需说明基本方法，由学生自己完成。

2. 项目控制

教师要全程控制项目实施过程。项目教学法在对学生充分信任的基础上给了学生相当大的自由度，虽然学生在项目学习过程中有良好的自我管理和监督，但是仍离不开教师的监督，以避免出现学生应付过关的现象。项目控制分为组织控制和制度控制。项目人员组织结构分为三层，小组成员向小组长汇报，小组长向项目指导教师汇报，小组成员也可以直接向指导教师汇报，指导老师及时监控项目进展。项目教学法需要建立一些监控制度来保证项目顺利进行，这些制度包括：项目的汇报制度、文本规范制度、意外情况处理制度和评价制度。

（四）项目成果准备与评价

1. 项目成果准备

项目成果既包括项目实施完成后的终结性成果，又包括项目实施过程中的阶段性成果。

终结性成果可以是 Flash 动画、演示文稿、平面设计作品、三维作品、网页、研究报告、管理信息系统、表演（演讲、汇报等）、录像、操作说明等。终结性成果是对项目任务最终成就的展示，评价中占的权重较高，提醒学生加以高度重视，在终结性成果的准备上要分工明确、充分协作，在内容和形式上必须符合项目的要求。

阶段性成果可以是项目计划书、项目小组任务日志、教师项目任务日志、走访企业调查表、社会实践表、查阅资料清单、任务实施过程的录像、录音资料等。教师要给学生讲授哪些资料和文档可以作为阶段性成果，可以将阶段性成果文件的样例展示给学生看，在项目计划中应明确说明各个阶段应取得的阶段性成果，并严格按计划实施。

2. 项目成果的评价

项目成果的评价是对整个项目运作过程的一种客观性评价，主要是解决"项目任务是怎样运行的，运行的实际效果如何"的问题的。项目成果的评价是一种多元式"真实性评价"，主要从表现评价和档案袋评价两方面着手。在项目实施之前，教师就要制定出具体细化的项目成果评价标准、评价方法，并让学生有所了解。随着项目的实施，学生在各个阶段都要制作和收集评价证据，学生根据自己的表现自评，小组成员之间还要互评，最后由教师和专家对项目成果进行评价。

（五）项目总结与提高

项目的总结是解决"项目的运行应怎样才能更有效率，效果会更好"的问题的，学生根据项目成果、自己的感受、教师和同学的评价来总结项目是否顺利完成，是否有所提高，如何改进和提高等。教师依据学生项目成果、教师职责、学生在项目中的表现来总结项目是否达到预期效果，项目实施过程中有哪些不足和成功之处，如何进一步改进等。

二、多种教学组织策略

计算机作为一种工具，不应作为纯理论课程来学习，而应作为一种应用技能来掌握。衡量信息技术课程学习得好与坏的标准，不是看你"知不知道"，而是看你"会不会干"。传统教学是运用上机开展验证式实验教学的，而信息技术课程项目教学法是将教学内容以项目的形式传递给学生的，其演化成多种教学方式，有理论课、上机课、阶段项目课、综合项目课、项目竞赛课、毕业设计项目课等。

（一）理论课

通过教师系统讲解和示范相关的基本概念、基础理论、程序代码、框架结构，学生理解基本的概念、原理。理论课以教师演示讲解为主，以制作案例为导向，采用边讲边练的方式进行教学，讲解的顺序：回顾—理论演示案例 1 并穿插理论讲解—学生模仿—小结—同理案例 2—同理案例 3—总结—布置作业。要讲清楚理论演示案例的技术难点、学生常见问题。为保证良好的授课效果，强烈推荐理论课也要在机房上。

（二）上机课

上机课的教学目标是巩固理论课的概念、知识，培养学生的动手能力，通过多个上机练习案例，训练学生操作的熟练度和规范度，解决的是知识技能的验证性实验。上机课的实质就是通过学生亲自简单使用和体验理论课所讲授的知识，加深理解与消化。讲解的顺序：回顾—实训案例 1 演示讲解—学生实训—小结—实训案例 2—实训案例 3—总结—布置作业。在让学生上机实训之前，要帮学生分析每个实训案例，指出技术难点、学生常见问题。

（三）阶段项目课

学完几个章节的基础知识和技能后，为培养学生综合应用多个技能点的能力，需要安排一个相对大点的阶段项目课。阶段项目课以制作案例为导向，采用边讲边练的方式进行教学，讲解的顺序：回顾—案例分析—学生实训—总结—布置作业。教师要做好需求描述、案例分析，分析出项目实战的技术难点和学生常见问题，并给出学生推荐的步骤，最后根据学生的实际情况给予总结。

（四）综合项目课

在学完相关的一些课程后要安排一个综合运用相关学科知识和技能的综合项目课。综合项目课是综合性、创新性项目，以制作案例为导向，采用边讲边练的方式进行教学。讲解的顺序：回顾—案例分析—学生实训—总结。

（五）项目竞赛课

为了培养学生的竞争意识，每学期至少开展一项项目竞赛（计入学分），让每项计算机项目竞赛与某门课程的某项技能模块相匹配，将竞赛成绩与获奖证书作为本学期本课程期末成绩考核的一项。以赛促学是指通过组织具有高度仿真性和强烈针对性的项目技能入赛，对学生必须掌握的各项基本技能、实际能力进行演练考核。可组织班内、校内竞赛，也可以让学生参加市级省级大赛，让学生在学中赛、在赛中学，教师在赛中教，做到赛教合一。

（六）毕业设计项目课

在毕业前两个学期安排毕业设计项目课，可促使学生积累行业内项目经验，组成项目小组进行项目开发。毕业设计项目课采用边讲边做的方式教学，讲授的顺序：回顾—需求分析—功能设置分析—知识点讲解—帮助学生制订计划—学生实施—评价总结。

三、资源配置与开发策略

项目资源是指帮助完成项目所需要的各种有形和无形资源，这里指支撑项目教学过程的各类软件资源，包括讲授性的课程资料、相关文献资料库、相关案例库、数据库、学生作品集以及离线的学习资源等，可以是本地资源，也可以是相应内容的外部链接。

（一）整合和二次开发现有电子资源

现有电子资源在相当长的时间内仍是高校信息技术课程项目教学法实施过程中的主要资源，学校应本着"必需、适度"的原则维护好原有电子资源，增加新的电子资源。各种形式的电子资源都有自己独立的数据库、发布平台和检索环境，给学生检索信息带来不便。学校要探索建设统一资源发布平台，对资源进行项目化二次加工等整合和二次开发工作，方便学生检索利用资源。

（二）开发适合项目化教学校本特色电子资源

围绕项目任务教师要设计开发并提供相应的学习资源，以促进学生在相关领域知识的基础上展开探究，有助于学生建构知识，支持开展有意义学习，有效完成项目。项目教学法校本资源包括项目教学法指导资料、项目教学法多媒体教学课件、项目式校本教材、教学案例库、优秀作品库、网上非实时答疑系统等的开发建设。

1. 项目教学法指导资料

要积极开展项目教学法指导资源的研究，组织教师编写《高校信息技术课程项目教学法改革指导手册》《高校信息技术课程项目教学法改革整体教学设计模板》《高校信息技术课程项目教学法改革单元教学设计模板》等指导性资料。

2. 项目教学法多媒体教学课件

教师要积极开发项目教学法多媒体教学课件，教师将信息技术课程项目教学法课堂教学录制为视频或将专题教学内容做成 Web 课程，并将这些存放在 Web 服务器上，供学生学习。

3. 项目式校本教材

教师要积极进行教学改革，真正做好项目课程与教材开发工作，根据高校计算机专业学生将来的职业真实的工作任务应用到的内容和将来职业定位来开发项目教学法校本教材。项目教学法具有轮廓清晰的工作（学习）任务，具有明确而具体的成果展示，具有特定教学内容的完整的工作过程。这种基于"工作过程"，面向"职业岗位定位"的教学模式，使学生处在一个仿真的职业环境中，为学生提供不同的岗位，为学生提供岗位真实的工作任务。教师要针对这些工作岗位设定难度适中的项目并开发校本教材，让学生在学习过程明确今后工作的定位，以便在将来找到适合自己的工作，在工作中很快适应工作环境。项目课程的校本教材是动态的，编写校本教材并在教学中实施和检验，发现问题要及时调整，还要及时把企业实践的新技术、新方法引入校本教材修订中。

4. 教学案例库

教学案例是重要而典型的资源，能帮助学生回忆知识并提供学习的经验，弥补学生完成项目过程经验上的欠缺，完成项目任务时能起对照和模仿作用。设计典型项目案例的目的，就是用几个贴近实际应用的案例把本课程主要实验内容和技能点串起来，包含项目目标、要求、演示案例、实战案例的详细操作步骤、练习案例的指导提示等计算机项目的完整过程。

5. 优秀作品库

优秀作品库是指教师利用网络，将典型的优秀作品、学生搜集的资料、项目教学的阶段性成果和终结性成果作品上传到网上，丰富学习资源。

6. 网上非实时答疑系统

非实时答疑是指教师并不在线，而是将一些典型问题与解决问题的方法策略放在后台数据库中，学生在浏览器中浏览，学生有新问题时以表单的形式提交，教师解答后新问题也入库，从而不断扩充库的内容。

（三）开发专题学习网站

专题学习网站是指在内容上围绕某门课程或与多门课程密切相关的某一项或多项学习主题，具有网址，能面向社会开放的网站。专题学习网站作为一种基于丰富的网络资源的学习平台，由结构化知识展示、扩展性学习资源整合、进行讨论交流答疑的空间、网上自我评价系统组成。除了要把与专题学习内容有关的文本、图片、图像、动画等知识结构化展示，还要把与专题相关的扩展性学习资源进行收集整理，包括各种学科的不同学习工具（如字典、词典、计算工具、作图工具、应用软件、模板、仿真实验室等）和相关学习资源网站的链接。要收集与专题有关的思考性问题、形成性练习和总结性考查的评测资料，让学生进行网上自我学习评价。网站应具备网上注册、在线学习、项目选择、作品欣赏、作品上传、讨论交流、成果展示与评价等功能。

专题学习网站可以给师生提供查阅信息的资源库，提供给师生、生生交流的协作平台，可实现师生和生生之间的实时交互，学生自主选择项目、学习内容和学习方式，教学不再受时间和空间的限制，随时随地开展学习。基于专题学习网站的项目教学法有网络讲授、网络答疑、浏览、检索、操练、讨论交流、实验和模拟、协作、竞争、评价等多种形式。专题学习网站为学生提供丰富的学习资源、功能强大的协作平台和专题讨论区，为学生开展协作学习交流、研究探索和展示学习成果提供了良好舞台。

（四）开发"电子档案袋"资源

应用项目教学法要求学生学完一门课程后必须制作出作品，在课程项目开始时，详细说明要完成什么样的项目。教师要给学生提供相应的学习资源，指导学生到哪个网站去学习，如何制作项目作品，使学生能够自主探究学习完成项目作品。"电子档案袋"是 Web 2.0 的工具之一，使用"电子档案袋"，能将学生的整个学习过程记录下来，教师不仅能评估学生做出的最终作品，还能评估整个制作过程，看学生是否学习了正确的学习资料，是否模仿了正确的实例等。

四、信息技术课程项目教学法实施中应注意的问题

（一）不能把项目等同于任务

任务是指要干的事情，是工作过程的一个环节，而项目是完成任务的结果，比如说一个产品、一项服务等。很多教师都认为项目教学法就是任务驱动教学法，其实二者有共同点也有差异。任务驱动教学是一种激发学生动机，变被动学习为主动探索学习，学生在完成"任务"的过程中，锻炼分析问题和解决问题能力的一种非常好的教学方法。任务相对来讲比较简单，任务的情境不如项目教学法真实，在提升学生职业能力方面逊色于项目教学法。先将项目教学法的复杂项目分解为单项的任务，再采用任务驱动教学法单项训练学生单方面的知识和技能还是很有必要的，可以为开展复杂的项目教学法打好基础。

（二）不能只讲项目不讲理论

项目教学法突出实践在课程教学中的重要地位，并不是否定理论，所以同样也要注重理论教学，教师何时讲解理论非常重要，要善于把握理论的切入时机。实施项目结束，解决了实践性问题后，就要进行理论拓展，用工作任务来引领理论，使理论从属于实践。教师要能够把不同工作任务衔接起来，以工作任务整合相应的理论知识，实现理论与实践的对接，为理论学习提供坚实的载体。

（三）避免只要做出项目结果就算达到教学目标的做法

根据项目组织课程内容，不能认为完成项目就算完成教学了，还要看是否达到理论与实践的教学目标。项目教学法虽然是高于传统课堂教学的一种教学模式或方法，其教学目标也是为实现学校人才培养目标的，还要考虑信息技术课程培养方向、综合职业能力、学生可持续发展能力等宏观因素，使项目教学法具有更加明确的目标取向，避免出现"为项目教学而项目教学"的不良情况。

（四）不能把项目教学法当成万能教学法

在高校信息技术课程实际教学中不能单一运用一种教学方法，任何一种教学方法都不是万能的，都不可能完全取代其他教学方法。项目教学法也只是高校信息技术课程众多教学法中的一种，不能完全否定其他教学方法。应根据教学内容和教学目标的需要灵活采用多种教学方法，如任务驱动法、案例教学法、

问题教学法、四阶段教学法、传统教学法等。不是所有的高校信息技术课程都要开发成项目课程，应根据课程内容的特点来确定是否适合项目教学法，传统教学法与项目教学法相结合才是提高教学质量的根本。

第三节　信息技术课程项目教学法的评价与思考

一、信息技术课程项目教学法的评价

（一）信息技术课程项目教学法的评价内容

1. 学生参与项目学习的态度与积极性

学生积极参与项目学习的态度从多方面表现出来，学生对项目教学法是否持肯定态度，是否有探索创新的欲望，是否不怕困难和辛苦，是否积极参加小组活动，是否认真努力承担任务，是否认真思考提出合理化建议，是否乐于帮助同学等。

2. 学生学习过程和阶段性成果

对学生学习过程中表现出来的学习态度、学习方法、努力程度等做出评价，对项目教学法实施过程的各种阶段性成果做出评价，是基于对学生学习全过程的持续观察、记录、反思做出的发展性评价。

3. 学生学习方法、研究方法的掌握和运用

在项目教学法实施过程中学生采用正确的学习方法、研究方法很重要，因此要评价学生收集、整理、加工、归纳总结和利用信息的能力，评价学生利用现代教育技术方法探索学习的能力。

4. 学生创新精神和实践能力的培养

学生在整个项目实施过程中要经过学生自主探索发现问题、提出问题、分析问题和解决问题这些过程，每个过程都要评价学生的创新能力和实践能力。还要比较应用项目教学法前后学生知识和技能是否有所提高，是否清楚研究方向，研究结果是否有所创新。

5. 学生的人际交往和团队合作能力

学生在项目小组中要开展合作学习，与教师、专家和企业广泛交流合作，

所以要有良好的演说能力、辩论能力、沟通能力在内的语言表达能力，学生还要有良好的人际交往能力，合作研究、合作制作能力。

6. 项目终结性成果

高校信息技术课程项目教学法的终结性成果有多种形式，终结性成果的评价采用学生自评、学生互评和教师评价相结合的评价方式。

（二）信息技术课程项目教学法评价方式

1. 形成性评价与终结性评价相结合的评价方式

形成性评价是指在项目教学法实施过程中，对正在进行的教学活动进行评价，掌握项目学习进展情况，以便及时发现并调整教学中的不适环节，及时调整和改进教学过程，对学生进行及时引导，保证完成教学目标，确保教学质量。形成性评价选择学校内部人员进行内部评价。

终结性评价是指项目教学活动结束后，对项目教学法的最终成果进行分等记录和确定资格，项目结束后一次性完成，具有事后验证性，由外部人员进行外部评价比较合适。

2. 学生自评和他评相结合的评价方式

自我评价是学生自己对自己的评价，以学生自己作为评价主体，目的是发现自己能做什么和自身的优点，便于培养学生的自主学习能力。教师可以设定多种评价方式和评价方法，让学生选择，也可以在教师指导下学生自己制定自我评价方式和评价方法。自我评价不是阶段性的评价，而是连续性的评价，可以通过学生的行为观察、学习随笔、小测验、评语和学习档案袋等多种方法进行。

学生互评通过学生之间的相互评价发现对方的优点，促进学习共同提高。项目教学法评价具有双向性，通过评价别人的优点，反思自己的缺点和需要改进的地方。学生互评有两人相互谈话、相互记录评价和报告会、学生小组评价等多种形式，关键是培养发现对方优点的能力。

教师评价是指教师根据课堂观察、课后访谈、作业分析、实践活动等方式对学生进行评价。它以过程评价为主，讲求评价方法、形式和手段的多样化，利用评价信息改进教学，使评价体现出学生是学习的主人的思想，另外采用鼓励性语言表达评价结果，充分发挥评价的激励作用。教师恰当合理的评价能同时促进学生的有效学习和教师的有效教学。

社会专家评价是指社会和企业专家参与项目教学法的评价，与教师的评价相结合，可确保评价的专业性、科学性。

职业技能鉴定是对职业技能水平的考核，是由考核机构对学生从事某种职业所需的理论知识和实际操作能力做出的评价。高校计算机专业学生在完成一定的项目课程后，可申请相应职业技能鉴定以评价学生项目学习的成效。

（二）信息技术课程项目教学法评价标准

根据教学目标，充分考虑对学生的激励作用，制定科学的项目教学法评价标准能同时促进学生的有效学习和教师的有效教学。项目教学法评价标准是将学生通过项目学习所获得的通用技能、专业技能、职业态度和职业意识等确定相应的标准，这些标准可以把许多抽象的职业素质元素变成可以量化的细分标准，为教师、学生、评价人员在教学过程参考、改进和提高。它包括一般标准和专业标准：一般标准是针对学生通用技能、方法能力、研究能力等的评价标准；专业标准是针对学生的专业业务技能、专业能力定的标准。

信息技术课程项目教学法评价标准的制定要遵循科学性、综合性、连续性、激励性、客观性、可测性、可操作性原则，一般要经过"拟定—修订—试行"三个过程。制定科学的项目教学法评价标准，可以提高教学评价的水平，提高教学质量。项目教学法评价标准应包括过程性的评价和终结性的评价。过程性评价主要评价工作态度、工作过程、工作方法、知识的应用。终结性评价主要评价项目所涵盖的应知、应会部分和产品。评价表对于项目学习非常必要。评价表是一种打分评价指南，能够区分学生不同程度的表现。一个好的有效的评价表能够清楚描述学生怎样表现才算达标。评价表对学生是公开的，在项目开始之前让学生用评价表评价一下以前学生的作品，可使学生明确项目目标。

二、对信息技术课程项目教学法的思考

通过几年的信息技术课程项目教学法实践和研究，笔者对于如何在信息技术课程教学中开展项目教学法有了较深刻全面的理解，有了一定的经验和成果，要经常对项目教学法进行反思、总结和提高。

（一）项目式教材建设和开发是项目教学法顺利开展的有力保障

教材是教师教学和学生学习的主要资料，是实现教学目标的重要载体，是教学的基本依据。项目教学法的开展，必然要有与之配套的教材。高校计算机专业传统教材只注重强调知识的系统性，重理论轻实践，各门课程的教材自成体系、缺乏衔接、内容交叉或重复、与实际应用脱节，不能满足项目教学法的

要求，严重阻碍了项目教学法的开展，有必要加强高校信息技术课程项目式教材改革和建设。项目式教材编写要与高校计算机专业的人才培养模式和教学内容体系改革相结合，适当调整教学计划，依据项目教学法的内容，把一系列相关课程整合在一起开发适合于学生将来工作岗位的项目式教材。教师也可以根据需要自己编制项目化课程指导讲义和校本式项目教材。项目式教材建设能为项目教学法提供理论和实践指导，提供教学依据，让教师和学生有可参照的模板，能保障项目教学法的顺利开展。

（二）双师型教师队伍建设是项目教学法顺利开展的重要保证

项目教学法是优于传统课堂教学的一种教学方法，对教师提出了更高的要求，要求其为"教师＋工程师"的双师型教师。开展项目教学法的教师必须掌握项目教学法的基本理论和所需的各种手段和工具，对项目教学法做充分的理论研究和实践应用，并总结提炼形成完整的项目教学法理念，逐渐把这些理念应用到自己的学校、自己教的课程中来。开展项目教学法的教师应是计算机各领域的工程师，他们只有具有丰富的实践经验、较强的实际动手能力和计算机专业岗位能力，再加上计算机各领域专家的帮助，才能保证项目顺利开展。开展项目教学法的教师要积极融入企业计算机专业领域实践中，通过到企业锻炼、实习、校企合作等多种方式丰富自己的实践经验，了解生产过程、典型工作任务、职业素质要求，掌握使生产项目转化为教学项目的技能，使教学内容和生产实际紧密结合，为项目教学法做好充分准备。

（三）科学选择项目是项目教学法成功的前提

项目教学法是否成功主要取决于项目任务的选择。选择项目时首先要考虑到系统性和可操作性，项目任务就是项目教学法的总目标，总目标可以分解为多个既相互独立又相互联系的子目标（任务），这些子目标有总分关系也有平行关系，所有子目标完成则项目总目标完成。项目的选择还要充分考虑与相关企业紧密联系，为学生将来的就业提供知识、技能储备，以实现学生学习与将来就业的无缝对接。

（四）合理制订项目计划是项目教学法成功的关键

制订项目计划就是制订整个项目运行的总体方案，规定了项目任务的实施步骤、时间进度安排、人员分配、资源分配等。项目任务是否能成功实施主要取决于项目计划是否科学、可行。项目指导教师提出项目任务的目标，学生根据目标选定项目题目，学生在教师指导下制订科学可行的项目计划并提交给教师，教师与学生讨论计划的科学性和合理性并给出修改意见，学生修改后再次提交给教师，教师审核后打印分发给小组成员。

（五）严格控制项目实施过程是项目教学法成功的重点

项目的实施过程大多经历过准备阶段、实施阶段、总结和评价阶段，在项目教学法实施过程中学生自主进行项目任务的实施，包括项目题目选定，项目计划制订，资料收集，资源获得，成果准备、评价、总结和提高，但学生的知识能力、认识水平、思维方法有一定的局限性，因此教师要对项目实施进行有效的指导、监督和紧急救援。教师要扮演促进者的角色，不断启发和引导学生思考，使他们能够不断朝着既定的项目任务目标前进，帮助学生掌握项目实施的技巧，督促学生保证项目的进度。

实践篇

第七章 大学信息技术项目化教学实践

第一节 项目：计算机系统基础知识

项目导读

最初计算机主要用于科学计算，后来计算机的应用领域不断扩展，逐渐在社会各个领域都得到了广泛的应用。目前计算机在数据处理、自动化控制、计算机辅助设计、人工智能、系统仿真、办公自动化、计算机通信和计算机网络、家庭娱乐等领域都发挥了不可替代的作用。各行各业办公几乎都离不开计算机和各种系统软件的操作，学习、掌握计算机知识，熟练操作计算机已经成为当今社会对每个公民的基本要求。提高大学生的信息化能力，为学生从事其他专业课程的学习提供信息化工具支持，可为学生毕业后进入工作岗位做好计算机基础操作的准备，也可为实现终身学习奠定基础。

项目目标

- 了解计算机的基本结构。
- 了解微型计算机的硬件和硬件组成。
- 了解 Windows 10 操作系统基础知识。
- 熟练配置 Windows 10 工作环境。
- 掌握操作窗口、对话框和设置汉字输入法的方法。
- 掌握 Windows 10 文件和系统的管理。

项目职业能力要求

- 具有一定的微型计算机操作技能。
- 熟悉微型计算机的软硬件系统配置。
- 能够对 Windows 10 进行个性化设置。
- 具有一定的写作能力，能够用简洁清晰的语言描述任务实施步骤和内容。

·具有良好的自主学习能力，在工作中能够灵活利用互联网查找信息并解决实际问题。

项目实施

本项目包括认识计算机的硬件与软件系统，Windows 10 的个性化设置，通过这两个任务学习计算机的基础知识，为之后办公软件和多媒体软件的学习和应用奠定基础。

任务1 认识计算机硬件与软件系统

【任务学习目标】

知识目标：了解计算机的基本结构，微型计算机的硬件与软件系统。

能力目标：了解计算机工作的基本结构，掌握微型计算机的各硬件与软件系统。

素养目标：激发学生学习计算机知识技能的兴趣和潜能，培养大学生德智体美劳全面发展、能够运用信息技术解决实际问题的综合实践能力和创新创业能力。

【任务要求】

课程伊始，信息技术教师要求学生熟悉实训机房环境，对计算机的主机硬件要有一定的认识，学会把显示器调整成个人舒适的使用模式，熟练掌握键盘的基本布局、操作与指法练习，熟悉鼠标的基本操作。

【任务实施步骤】

1. 观察计算机硬件系统组成

一台计算机包括主机箱、显示器、键盘、鼠标，有时还需配备音箱、打印机等外部设备。

2. 观察主机正面

在主机正面可以看到光盘驱动器安装口、电源开关、硬盘指示灯、电源指示灯、复位开关等。

①光盘驱动器安装口：用于安装 CD-ROM、DVD-ROM、DVD 刻录机光盘驱动器。

②电源开关：用于接通和关闭电源。

③硬盘指示灯：灯亮表示计算机硬盘正在进行读写操作。

④电源指示灯：灯亮表示计算机电源接通。

⑤复位开关：用来重新启动计算机。

3. 观察主机背面

①主机电源接口：用于插上电源线。

②电源散热风扇：用于及时排走电源内部的热量。

③鼠标接口：用于连接鼠标（比较旧的微型机用串行端口来连接鼠标）。

④键盘接口：用于连接键盘。

⑤ USB 接口：用于连接 USB 设备。

⑥显示器接口：用于连接显示器。

⑦打印机接口：用于连接打印机。

⑧网线接口：用于连接网络线。

⑨声卡接口：用于连接音箱、话筒等。

4. 打开主机侧板，观察、认识并了解主机箱内部构件

主机箱中主要构件有 CPU、主板、内存、硬盘、显卡、光驱、电源等。部分构件介绍如下：

（1）CPU

中央处理器简称为 CPU，它是计算机系统的核心部件，控制着整个计算机系统的工作。

（2）主板

主板是一块长方形的多层印刷的集成电路板，它是组成计算机系统的主要电路系统。主板上集成有各种扩展插槽、BIOS 芯片、各种控制芯片、CPU 插槽、内存条插槽、跳线开关、键盘（鼠标）接口、指示灯接口、主板电源插座、串行并行接口等部件。

（3）内存

计算机的内存是由随机存储器（RAM）、只读存储器（ROM）和高速缓冲存储器（Cache）三个部分构成的。任何程序要想被执行，必须首先进入内存，并在执行的过程中不断地把所需要的数据调入内存，把执行过程中产生的临时数据信息和最终得到的结果信息写入内存。在这个过程中，使用最多的是RAM，程序在执行过程中主要是与 RAM 交换数据。最后再对内存芯片进行封装，使其成为内存条。

（4）硬盘

硬盘属于计算机系统的外存，主要用来存放操作系统、应用程序、用户数

据等需要长期保存的内容。其速度虽然慢于内存，但因存储量大、存储时间长等优点，从而成了计算机系统存储器中必不可少的存储设备。

（5）显卡

显卡又称为显示卡，它是计算机中进行数模信号转换的设备，负责将计算机中的数字信号转换成模拟信号传递给显示器显示；同时它还具有图像处理能力，可以协助 CPU 工作，提高整机运行速度。显卡和显示器构成了计算机的显示系统，它们决定了计算机系统显示效果的好坏。

5. 键盘的使用

（1）认识键盘的结构

以 107 键键盘为例，键盘按照各键功能的不同可以分成功能键区、主键盘区、编辑键区、小键盘区和状态指示灯 5 个部分。

（2）键盘的使用

打字时要有正确的坐姿，并要用正确的指法敲击键盘的按键。键盘的指法分区：除拇指外，其余 8 个手指各有一定的活动范围，把字符键位划分成 8 个区域，每个手指负责该区域字符的输入。

任务 2　Windows 10 的个性化设置

【任务学习目标】

知识目标：熟悉 Windows 10 操作系统；配置 Windows 10 工作环境；操作窗口、对话框和设置汉字输入法的方法；Windows 10 文件的管理和系统的管理。

能力目标：掌握 Windows 10 操作系统的个性化设置。

素养目标：大学生要提高信息化学习能力，这是信息化社会的需要。将创新精神、实践能力的要求与实际生活需要结合在一起，激发学生学习计算机知识技能的兴趣和潜能，培养能够运用信息技术解决实际问题的综合实践能力、创新创业能力。

【任务要求】

小王是一名高职毕业生，成功应聘了一份办公室行政工作。他上班第一天发现公司所有的计算机操作系统安装的都是 Windows 10，与学校使用的 Windows 7 操作系统在界面外观上有些差异。为了日后高效地工作，小王决定先熟悉一下 Windows 10 操作系统。

【任务分析】

了解 Windows 10 的桌面组成，会查看计算机配置和基本信息，会设置自己习惯的输入法，掌握定制 Windows 10 的工作环境、个性化设置 Windows 10 操作界面的方法，并熟练掌握文件及文件夹的基本操作方法，加强对 Windows 10 操作知识的应用。

【任务实施步骤】

1. 查看计算机的配置及系统的基本信息

①右击桌面图标中的"计算机"图标，在快捷菜单中选择"属性"命令。

②查看计算机基本信息。可以查看计算机的名称、操作系统的版本，以及 CPU 和内存的情况。

2. 设置计算机的系统日期和时间

右击任务栏右下角的时间栏，选择"调整日期"→"时间"命令，调出日期时间设置窗口，先把"自动设置时间"功能关闭，然后单击"更改日期和时间"下面的"更改"按钮来更改日期和时间。

3. 安装和设置中文输入法

①打开控制面板，找到"时钟、语言和区域"选项并将"更换输入法"选项打开进行输入法设置。

②输入法种类很多，比如百度、QQ、搜狗都有自己的输入法，选择自己喜欢的一款进行下载并安装即可。安装之后按"Ctrl+Shift"组合键即可实现输入法的切换，切换到所安装的输入法进行使用即可。

4. Windows 10 个性化设置

在系统桌面上的空白区域右击，在弹出的快捷菜单中选择"个性化"命令，进入个性化设置界面，单击相应的按钮便可进行个性化设置。

①单击"背景"按钮：在背景界面中可以更改图片，选择图片契合度，设置纯色或者幻灯片放映等参数。

②单击"颜色"按钮：在颜色界面中可以为 Windows 系统选择不同的颜色；也可以单击"自定义颜色"按钮，在打开的对话框中自定义自己喜欢的主题颜色。

③单击"锁屏界面"按钮：在锁屏界面中可以选择系统默认的图片；也可以单击"浏览"按钮，将本地图片设置为锁屏界面。

④单击"主题"按钮：在主题界面中可以自定义主题的背景、颜色、声音

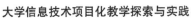

以及鼠标指针样式等项目，最后保存主题。

⑤单击"字体"按钮：在字体界面中可以设置显示内容时的字体。

⑥单击"开始"按钮：在开始界面中可以设置"开始"菜单栏。

⑦单击"任务栏"按钮：在任务栏界面上设置各应用程序的显示位置等。

5. 文件夹及文件管理

文件管理主要是在资源管理器窗口中实现的。资源管理器是指"此电脑"窗口左侧的导航窗格，它将计算机资源分为快速访问、OneDrive、此电脑、网络4个类别，可以方便用户更好、更快地组织、管理及应用资源。

6. 设置个性化鼠标

Windows 10个性化鼠标设置步骤如下：在计算机桌面上右击，选择"个性化"命令，在"控制面板个性化设置窗口"中单击左侧栏的"更改鼠标指针"链接文字，按照个人喜好设置即可。

【相关知识】

1. 计算机操作系统

（1）Windows 类

随着计算机硬件和软件系统的不断升级，微软的 Windows 操作系统也在不断地升级：从16位、32位到64位操作系统，从最初的 Windows 1.0 到大家熟知的 Windows 的 95、NT、97、98、2000、Me、XP、Server、Vista 版本，以及目前的 Windows 7、Windows 8、Windows 10，微软一直在致力于 Windows 操作系统的开发和完善，以及各种版本的持续更新。

Windows 10 是目前常用的 Windows 操作系统，漂亮的"开始"屏幕，靓丽的触控界面，免费、实用的 OneDrive（一项云存储服务），全新的浏览体验，内置出色的 Windows 应用，支持各种类型的设备，工作、娱乐两相宜，深受用户喜爱。

（2）NetWare 类

NetWare 是诺威尔（NOVELL）有限公司推出的网络操作系统，最重要的特征是基于基本模块设计思想的开放式系统结构。NetWare 是一个开放的网络服务器平台，可以方便地对其进行扩充。NetWare 系统对不同的工作平台如 DOS、OS/2，Macintosh 等，不同的网络协议环境如 TCP/IP，以及各种工作站操作系统提供一致的服务。该系统内可以增加自选的扩充服务，这些服务可以取自 NetWare 本身，也可取自第三方开发者。

（3）UNIX 系统

UNIX 操作系统是美国电话电报公司（AT&T）于 1971 年在 PDP-11（一种迪吉多电脑）上运行的操作系统，具有多用户、多任务的特点，支持多种处理器架构，最早由肯尼思·莱恩·汤普森（Kenneth Lane Thompson）、丹尼斯·麦克·阿里斯泰尔·里奇（Dennis Mac Alistair Ritchie）和道格拉斯·麦克罗伊（Douglas McIlroy）于 1969 年在 AT&T 的贝尔实验室开发。

（4）Linux

Linux 是一种自由和开放源码的类 UNIX 操作系统，存在着许多不同的 Linux 版本，但它们都使用了 Linux 内核。Linux 可安装在各种计算机硬件设备中，如手机、平板电脑、路由器、视频游戏控制台、台式计算机、大型机和超级计算机等。Linux 是一个领先的操作系统，世界上运算最快的 10 台超级计算机运行的都是 Linux 操作系统。

2. Windows 10 的基本操作

（1）认识 Windows 10 桌面

桌面就像办公桌一样非常直观，是运行各类应用程序、对系统进行各种管理的屏幕区域。启动 Windows 10 后，首先看到的是炫丽的桌面，Windows 10 桌面由屏幕背景、图标和任务栏等组成。

（2）Windows 任务栏

默认情况下，任务栏位于屏幕底部，显示系统正在运行的程序、打开的窗口以及当前系统时间等信息。

（3）菜单的使用

在图形界面系统中，菜单是一些应用程序、命令以及文件的集合。菜单的使用方法有：直接用鼠标选择菜单命令，可执行选中的菜单命令，用鼠标单击菜单以外任何区域，可以退出菜单命令；用"Alt+字母"组合键打开菜单后，用 4 个方向键移动亮条选择相应的菜单命令，再按"Enter"键，可执行选中的菜单命令，按"Alt"键或"F10"键可退出菜单命令。

菜单命令具有以下几种状态：

①正常菜单命令是黑色字符显示，表示该菜单中的命令当前可以操作。

②如菜单命令为灰色，表示该菜单命令当前情况下不能使用。

③带有"√"标记的菜单命令表示已经起作用。

④带有"▶"标记的菜单命令表示含有子菜单。

⑤带有"…"标记的菜单命令表示执行后将弹出一个对话框。

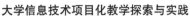

⑥带有下划线字母的菜单命令，表示可以按"Alt+带下画线的字符键"激活相应的命令。

（4）窗口、菜单与对话框

①窗口。窗口是Windows 10的主要操作界面，采用图形设计，易于操作和浏览。打开文件或启动应用程序都会出现窗口，系统中各种信息的浏览和处理基本上是在窗口中进行的。

②窗口间切换。同时运行多个应用程序时，会打开多个窗口，但只有一个处于活动状态，这个活动窗口的标题栏为深蓝色，并覆盖在其他窗口之上，其他非活动窗口则以深灰色为标题栏背景色。窗口切换的操作方法是将鼠标指针指向目的窗口并单击，即可切换到新的窗口上。当窗口处于最小化状态时，在任务栏中单击要选择窗口的按钮，即可切换到新的窗口。使用"Alt+Esc"组合键和"Alt+Tab"组合键可以在打开的窗口之间切换。

③对话框。对话框包含按钮和各种选项，通过它们可以完成特定命令或任务。对话框与窗口有区别，它没有最大化按钮，也没有最小化按钮，基本不能改变形状的大小。用户对其中的选项进行了设置，计算机就会执行相应的命令。

3. Windows 10 的文件夹和文件操作

（1）选择文件或文件夹

①选择单个文件或文件夹：直接单击文件或文件夹图标即可将其选择，被选择的文件或文件夹的周围将呈蓝色透明状显示。

②选择多个相邻的文件或文件夹：在窗口的空白处按住鼠标左键不放，并拖动鼠标框选需要选择的多个对象，再释放鼠标即可。

③选择多个连续的文件或文件夹：用鼠标选择第一个选择对象，按住"Shift"键不放，再单击最后一个选择对象，可选择两个对象中间的所有对象。

④选择多个不连续的文件或文件夹：按住"Ctrl"键不放，再依次单击所要选择的文件或文件夹，可选择多个不连续的文件或文件夹。

⑤选择所有文件或文件夹：直接按"Ctrl+A"组合键，或选择"编辑"→"全选"命令，可以选择当前窗口中的所有文件或文件夹。

（2）新建文件或文件夹

新建文件是指根据计算机中已安装的程序类别，新建一个相应类型的空白文件，新建后可以双击打开该文件并编辑文件内容。如果需要将一些文件分类整理在一个文件夹中以便日后管理，就需要新建文件夹。

（3）文件或文件夹的重命名

当需要给文件或文件夹重新命名时，可以使用以下方法：

①单击选择需要重命名的文件或文件夹，选择"文件"→"重命名"命令，这时选定的文件或文件夹的名称处于编辑状态，用户可以直接输入新的文件或文件夹名称，按"Enter"键或者在文件夹外单击即可。

②单击选择需要重命名的文件或文件夹，然后右击，在弹出的快捷菜单中选择"重命名"命令，这时选定的文件或文件夹的名称处于编辑状态，用户可以直接输入新的文件或文件夹名称，按"Enter"键或者在文件夹外单击即可。

③单击选择需要重命名的文件或文件夹，按快捷键"F2"，这时选定的文件或文件夹的名称处于编辑状态，用户可以直接输入新的文件或文件夹名称，按"Enter"键或者在文件夹外单击即可。

（4）移动、复制文件或文件夹

移动和复制文件或文件夹都是将文件或文件夹从原位置放到目标位置。移动与复制的区别在于：移动时，文件或文件夹从原位置被删除并被放到目标位置；复制时，文件或文件夹在原位置仍然保留，仅仅是将副本放到目标位置。

1）复制操作的方法

①鼠标拖动：选定对象，按住"Ctrl"键不放（不同磁盘之间进行文件或文件夹的复制可以不按"Ctrl"键），同时拖动鼠标到目标位置。

②快捷菜单：选定对象后右击，在快捷菜单中选择"复制"命令；选择目标位置，右击窗口的空白处，在弹出的快捷菜单中选择"粘贴"命令。

③快捷键：选定对象，按"Ctrl+C"组合键；选择目标位置，按"Ctrl+V"组合键。

④菜单命令：选定对象，选择"编辑"→"复制"命令；在目标位置，选择"编辑"→"粘贴"命令。

2）移动操作的方法

①鼠标拖动：选定对象，拖动鼠标到目标位置（不同磁盘之间的文件或文件夹移动需按住"Shift"键）。

②用快捷菜单：选定对象后右击，在弹出的快捷菜单中选择"剪切"命令；选择目标位置，右击窗口的空白处，在弹出的快捷菜单中选择"粘贴"命令。

③快捷键：选定对象，按"Ctrl+X"组合键；选择目标位置，按"Ctrl+V"组合键。

④菜单命令：选定对象，选择"编辑"→"剪切"命令；在目标位置，选择"编辑"→"粘贴"命令。

（5）发送文件或文件夹

发送文件或文件夹到其他磁盘（如 U 盘或移动硬盘等），实质上就是将文件或文件夹复制到目标位置。方法如下：选定对象后右击，在快捷菜单中选择"发送到"命令，在子菜单中选择可用的磁盘。使用该命令可以建立桌面快捷方式。

（6）删除和还原文件或文件夹

删除一些没用的文件或文件夹，可以减少磁盘中的多余文件，释放磁盘空间，同时也便于管理。删除的文件或文件夹实际上是移动到"回收站"中，若误删除文件，还可以通过还原操作将其还原。要将其从硬盘彻底删除，需按"Shift+Delete"组合键或清空回收站。

（7）搜索文件或文件夹

Windows 10 提供了搜索文件的功能，可以方便地查找到某一个或某一类文件和文件夹。

在计算机中搜索任何已有的文件或文件夹，首先要知道文件名或文件类型。对于文件名，用户如果记不全，可使用通配符进行模糊搜索。常用的星号（＊）通配符代表一个或多个字符。

4. 巩固提升——Windows 10 新增功能的使用

（1）护眼模式

单击屏幕右下角的"通知中心"，单击"夜间模式"即可开启护眼模式。

（2）搜索"计算器"

在屏幕左下角的搜索框中输入"计算器"，找到并运行"计算器"程序。

（3）虚拟桌面

1）新建桌面

①同时按下"Win+Ctrl+D"组合键即可。

②按下"Win+Tab"组合键打开任务视图，单击左上角的"新建桌面"命令。

2）切换桌面

按下"Ctrl+Win+←"组合键或"Ctrl+Win+→"组合键，即可进行切换。

3）删除虚拟桌面

①同时按下"Win+Ctrl+F4"组合键即可。

②按下"Win+Tab"组合键并单击新桌面上的"关闭"按钮。

📖 项目小结

本项目包括计算机的硬件与软件系统、Windows 10 系统的个性化设置。通过两个任务的学习，应能够了解计算机的软、硬件基础知识，并会个性化设置 Windows 10 系统，能够利用资源管理器对文件及文件夹进行基本操作。希望大家在以后能够学以致用，更全面地学习和应用这些计算机基础知识。

第二节　项目：Word 2019 文档编辑

📖 项目导读

Word 软件是现代职场人必备的办公技能，应用广泛。该软件具有强大的文字处理、图文混排及表格制作功能，它普遍应用于商务办公和个人文档的制作及专业的排版印刷中，是一款优秀的文字处理软件。

Word 2019 是 Microsoft 公司开发的 Office 2019 办公组件之一，Office 2019 仅支持 Windows10 系统，不再支持 Windows 7、Windows 8 以及更早的系统。Word 2019 的新增功能主要有：Word 2019 自带翻译功能，可以直接在 Word 里翻译；支持插入 3D 模型，可以 360° 旋转，新增了图标库和大量 3D 图像等。

📖 项目学习目标

- 学会文档的基本编辑。
- 学会图文混排。
- 学会表格设计与美化。
- 学会长文档编辑。
- 学会邮件合并。

📖 项目职业能力要求

- 熟悉 Word 软件的操作技能。
- 能够进行文档编辑，对文档进行美化排版。
- 具有一定的写作能力，能够用简洁清晰的语言描述任务实施步骤和内容。
- 具有良好的自主学习能力，在工作中能够灵活利用互联网查找信息并解决实际问题。

项目实施

本项目通过设计"5.12 护士节"主题征文启事、个人求职简历以及大学生创新创业交流会邀请函 3 个典型任务，详细介绍了 Word 2019 的主要功能及其在工作和生活中的实际应用。

任务1 设计"5.12 护士节"主题征文启事

【学习目标】

知识目标：熟悉文档的排版流程、字符和段落的格式化、插入图标以及图标编辑、项目符合设置、页面设计等基本操作，能对图文混排的文档作品进行分析与评价。

能力目标：使学生更正过去在使用 Word 软件时的错误操作方法，感受 Word 软件图文排版的强大功能，认识到该软件的便利性和良好的操作性，从而激发学生的学习热情、求知欲望和创新精神。

素养目标：通过"5.12 护士节"主题征文启事的练习，提高学生对护士这一职业的认识，增强将来作为护士为社会奉献爱心的使命感。

【任务要求】

5 月 12 日是国际护士节，某护理学院为迎接护士节的到来，全面展现新时代大学生的理想信念、青春风采和积极奋进的精神风貌，鼓励学生施展自己的写作才华，丰富学生的课余生活，同时也为 5.12 护士节其他相关活动的开展奠定良好的基础，开展"5.12 护士节"主题征文活动。学生会秘书处要起草一份征文启事，介绍活动的基本情况，然后需要打印 50 份张贴在学院重要的宣传位置。

【任务分析】

设计一个文档时，首先应该做的是纸张设置，确定好需要以多大的纸张来完成文档要求，而不是急于进行内容的编辑，所以我们需要根据实际要求对纸张进行调整，如边距、方向的设置。利用 Word 软件的页面设置、输入文字、字符和段落格式化、项目符号以及图标等知识完成征文启事的编写和排版。

具体要求如下：

①通知用标准 A4 纸。

②标题突出，进行字符和段落设计，增强文字的设计感。

③正文设置首字下沉和分栏效果，增强排版的美观效果。

④设置项目符号，条理清晰，重点突出。

【任务实施步骤】

1. 编辑文稿内容

（1）新建文件

启动 Word 2019 程序，单击"文件"功能选项卡，在下拉列表中选择"新建"选项，在"可用模板"中选择"空白文档"选项，然后在右侧单击"创建"按钮，即可创建一个新文档。单击"保存"按钮，在"另存为"对话框中将文件保存为"5.12 护士节 .docx"。

（2）输入文字内容

根据要求构思征文启事的文本和结构，在文件中依照样例图片所示内容输入文字，也可以发挥自己的创意组织文本内容。文字格式为默认的"宋体、五号"。输入完毕，单击快速访问工具栏中的"保存"按钮。

（3）插入日期和时间

在文件末尾定位鼠标光标，单击"插入"功能选项卡，在"文本"工具组中单击"日期和时间"按钮，打开"日期和时间"对话框。选择中文样式中的"××年××月××日"样式，单击"确定"按钮。

2. 文稿页面布局

（1）设置纸张大小

单击"页面布局"功能选项卡，在"页面设置"工具组中单击"纸张大小"按钮，从下拉列表中选择 A4 选项，设置纸张大小为 A4（21 厘米 ×29.7 厘米）。

（2）设置页边距

在"页面设置"工具组中单击"页边距"按钮，选择"自定义页边距"选项，在打开的"页面设置"对话框中将页边距设为普通型（2.54 厘米，2.54 厘米，3.18 厘米，3.18 厘米）。

（3）设置页面边框

单击"设计"功能选项卡，在"页面背景"工具组中单击"页面边框"按钮，打开"边框和底纹"对话框，在"页面边框"选项卡中选择"艺术型"中的"苹果"，"宽度"设置为 20 磅，"应用于"设置为"整篇文档"。

3. 字符格式化

①拖动鼠标选择标题文字"5.12 护士节主题征文启事"，单击"插入"功

能选项卡,在"文本"工具组中单击"艺术字"按钮,选择任意一种渐变填充类型。单击艺术字将其选中,在右上角的"布局选项"快捷菜单中选择"嵌入式版式"命令,调整位置使其居中对齐。

②将正文文字选中,在"字体"工具组中将文字设置为"仿宋体、四号"。

③按住"Ctrl"键,依次选中通知中的"一、征文主题""二、征文体裁"……6个标题,在"字体"工具组中将文字设置为"仿宋体、四号、加粗"。单击"字体"工具组右侧的对话框启动器按钮,打开"字体"对话框,在"高级"选项卡中设置字符间距为"加宽""2磅"。

4.段落格式化

①将正文部分选中,在"段落"对话框中设置对齐方式为"两端对齐","缩进值"为"2字符","行距"为"1.5倍行距",单击"确定"按钮。

②按住"Ctrl"键,在通知中依次选中"一、征文主题""二、征文体裁"……6个标题,在"段落"对话框中设置"段后"为"0.5行",单击"确定"按钮。

③保持选中的段落文字,在"段落"工具组中单击"填充"按钮,在主题颜色中选择"浅灰色,背景2",为文字设置底纹。

④选择文末的"××学院"文字和日期,在"段落"工具组中单击"右对齐"按钮,将段落进行右对齐设置。

5.分栏和首字下沉

①选择通知中的第1段文字,单击"页面布局"功能选项卡,在"页面设置"工具组中单击"分栏"按钮,打开"分栏"对话框,将该段文字内容分两栏。

②将插入点定位在第1段中,单击"插入"功能选项卡"文本"工具组中的"首字下沉"按钮,将该段设置为"首字下沉3行"。

6.插入项目符号

单击"段落"工具组中的"项目符号"按钮,打开"定义新项目符号"对话框。单击"符号"按钮,在"符号"对话框中选中"◊"字符,为"二、征文体裁"后面段落中的内容设置该类型的项目符号。

7.插入图标

①将鼠标光标定位在第2段中,单击"插入"功能选项卡,在"插图"工具组中单击"图标"按钮,打开"插入图标"对话框。在左侧选择"庆典"类型,在右侧列表中选择奖杯图标,单击"插入"按钮,即可将该图标插入文本中。

②选择图标,在"格式"功能选项卡中设置图标填充颜色为"红色",图

标效果为"预设2"。

③选择图标，在"排列"工具组中将"文字环绕"方式设为"紧密型环绕"，适当调整图标位置。

8. 插入 SmartArt 对象

在奖惩设置段落中定位鼠标光标，单击"插入"功能选项卡"插图"工具组中的 SmartArt 按钮，打开"选择 SmartArt 图形"对话框，选择"基本流程"样式，单击"确定"按钮，即可插入一个 SmartArt 对象。

选择 SmartArt 对象，在"SmartArt 工具"的"设计"功能选项卡中选择相应的工具对该对象进行编辑。单击"添加形状"按钮，选择"在后面添加形状"选项，即可插入一个形状。打开"文本窗格"，输入相应的文字。在"设计"功能选项卡的"SmartArt 样式"工具组中选择"中等效果"样式；单击"更改颜色"按钮，选择"彩色"中的"彩色范围－个性色4至6"。

9. 打印输出

在快速访问工具栏中单击"保存"按钮，然后单击"文件"功能选项卡，单击"打印"按钮，再设置打印"份数"为"50"。

【相关知识】

1. 输入中文、英文、标点和特殊符号

在文档中输入普通文本时，只需要切换到要使用的输入法，就可以进行字符的输入操作。下面以"搜狗拼音输入法"为例，介绍文本输入的方法。

（1）"搜狗拼音输入法"的切换

将光标移到要输入的位置单击，使系统进入输入状态，然后按"Ctrl+Shift"组合键切换输入法，直到"搜狗拼音输入法"出现。当系统仅有一个输入法或者"搜狗拼音输入法"为默认输入法时，按"Ctrl+空格"组合键即可切换到"搜狗拼音输入法"。

（2）中英文切换输入

输入法默认按"Shift"键就切换到英文输入状态，再按 Shift 键就返回中文状态。单击输入栏上面的"中"字图标也可以切换。

除按"Shift"键切换外，直接按"Enter"键也可以输入英文。

（3）输入中英文标点

一般在中文输入状态下显示中文标点符号，在英文输入状态下显示英文标点符号，可以用"Ctrl+."组合键进行切换，或单击输入栏上面的标点图标切换。

（4）插入特殊字符

单击"插入"功能选项卡的"符号"工具组中的"符号"按钮，打开"符号"对话框。选择相应的符号并单击"插入"按钮，或者双击选中的符号，即可将其插入文档中。

还可通过单击输入法栏中的键盘按钮并选择"特殊符号"，或单击输入法栏中的"菜单"→"表情＆符号"→"特殊符号"，打开"搜狗拼音输入法快捷输入"对话框，输入需要的特殊符号。用该方法不仅可以很方便地输入特殊字符，还可以输入"搜狗表情""日期时间""字符画"等。

2. 文档格式化

在 Word 文档中设置文档格式主要包括设置字体格式、段落格式等，使设置后的文本更加专业、整洁和美观。

（1）设置文字的字体、字号、字形

文字格式的设置主要通过"开始"功能选项卡的"字体"工具组来完成。单击"字体"工具组中的对话框启动器按钮，打开"字体"对话框，可以进行更多文字格式的设置。

选中需要设置格式的文本，在"字体"工具组中单击"字体"下拉列表框右侧的下拉三角按钮，展开"字体"下拉列表框后，选择合适的字体。字号设置同理。

文本的字形包括常规、倾斜、加粗、加粗和倾斜，可通过单击"字体"组中的加粗按钮 B 和倾斜按钮 I 来设置。

（2）设置文本效果

通过设置文本效果，可以使文本变得更加美观多样。设置时可以直接使用 Word 中预设的效果，也可以自定义制作渐变填充的文本效果。

①使用预设效果设置文本外观。选中需要设置效果的文本，在"字体"工具组中单击"文本效果"按钮，展开文本效果库，用鼠标光标指向文本样式，出现文字提示，并可看到应用效果，然后选择合适的效果。

同理，单击"文本效果"按钮，在展开的文本效果库中指向"轮廓""阴影""映像"或"发光"选项，在展开的列表中可以选择其文本效果。

②自定义制作文本的外观。除了使用预设的文本效果，还可以自定义文本效果。选中需要设置效果的文本，在"字体"工具组中单击对话框启动器按钮，打开"字体"对话框，在对话框下方单击"字体效果 ..."按钮，打开"设置文本效果格式"面板，选择相应的选项即可对文本效果进行设置。

（3）字符的中文版式

中文版式主要包括拼音指南、带圈字符、纵横混排、合并字符以及双行合一等，用于制作出比较漂亮的文字效果。

（4）设置段落的对齐方式、段落缩进、行间距和段落间距

文档段落设置可以在"段落"工具组中完成，也可以单击"段落"工具组中的对话框启动按钮，打开"段落"对话框，进行更多的段落格式设置。

①设置段落的对齐方式。选中一个或多个段落，利用下列两种方法之一进行设置。

方法一：在对齐按钮中选择"左对齐""居中对齐""右对齐""两端对齐"和"分散对齐"选项之一。

方法二：打开"段落"对话框，在"缩进和间距"选项卡中单击"常规"选项中的"对齐方式"下三角按钮，在列表中选择段落对齐方式。

②设置段落缩进。选中一个或多个段落，利用下列两种方法之一进行设置。

方法一：可以单击"减少缩进量"或"增加缩进量"按钮，设置段落的缩进，也可以在"段落"工具组中选择"缩进"中的"左"或"右"，并输入具体的缩进量。

方法二：在"段落"对话框的"缩进和间距"选项卡的"左侧"和"右侧""缩进"等选项中输入相应的值，可以设置段落的左右缩进；在"特殊格式"中选择"首行缩进"或"悬挂缩进"，输入"磅值"，可以调整段落的首行缩进或悬挂缩进的值。

③设置段落行间距和段前及段后间距。选中一个或多个段落，利用下列两种方法之一进行设置。

方法一：单击"行和段落间距"按钮，在展开的列表中选择相应的选项；单击"页面布局"功能选项卡，在"段落"工具组中选择"间距"中的"段前"或"段后"，并输入值。

方法二：在"缩进和间距"选项卡的"间距"选项中的"段前""段后"和"行距"中设置相应的值。

行间距控制段落中行与行之间的距离，包括单倍行距、1.5 倍行距、2 倍行距、最小值行间距、固定值行距和多倍行距等选项。

（5）设置边框和底纹

①设置边框。

为文字设置边框：选中文字，单击"开始"功能选项卡的"字体"工具组中的"字符边框"按钮，为选中的文字添加边框；再次单击该按钮则取消边框。

为段落设置边框：选中段落，在"段落"工具组中单击"框线"按钮右侧的下拉三角按钮，选择"边框和底纹..."命令，打开"边框和底纹"对话框；在对话框中选择"边框"选项卡，在"设置"选项中选择边框的类型，在"样式"选项中选择需要的线型，在"颜色"选项中选择边框的颜色，在"宽度"选项中选择边框线的宽度值，在"预览"选项中调整段落四周边框线的显示，在"应用于"选项中选择"段落"，即可为选中的段落填充边框。

②设置底纹。

为文字设置底纹：选中文字，在"段落"组中单击"底纹"按钮右侧的下拉三角按钮，选择其中一种颜色或自定义颜色进行填充。

为段落设置底纹：选中段落，打开"边框和底纹"对话框，在对话框中选择"底纹"选项卡，选择需要填充的"颜色""图案"样式等，在"应用于"选项中选择"段落"，即可为选中的段落填充底纹。

3. 格式刷

格式刷工具可以将特定文本的格式复制到其他文本中。当用户需要为不同文本重复设置相同格式时，可使用格式刷工具提高工作效率。其操作步骤如下：

①选中已经设置好格式的文本，在"开始"功能选项卡的"剪贴板"工具组中双击"格式刷"按钮。

②将鼠标指针移动至目标文本区域，鼠标指针已经变成刷子形状。按住鼠标左键拖动并选择需要设置格式的文本，则格式刷刷过的文本将被作为被复制的格式。释放鼠标左键，再次拖动并选择其他文本，实现同一种格式的多次复制。

③完成格式复制后，再次单击"格式刷"按钮，关闭格式刷。如果单击"格式刷"按钮，则格式刷记录的文本格式只能被复制一次。

4. 项目符号和编号

项目符号和编号用于对文档中带有并列性的内容进行排列。项目符号是放在文本前的点或者其他符号，起到强调作用，使文档更加美观；编号可以对段落进行顺序排列，使文档内容具有一定的条理性。合理使用项目符号和编号，可以使文档的层次结构更清晰、更有条理，且重点突出，能提高文档编辑的速度。

（1）项目符号

为文档添加项目符号时，可以使用项目符号库中的符号，也可以在符号库中选择已有符号，并自定义新的项目符号。

①使用项目符号库中的符号。选中文字，在"段落"工具组中单击"项目符号"按钮右侧的下拉三角按钮，在弹出的项目符号库中选择需要使用的项目符号，即可完成项目符号的操作。将光标移到包含项目符号的段结尾处并按"Enter"键，即可在下一段插入一个同样的项目符号。

②自定义新的项目符号。选中文字，单击"项目符号"按钮右侧的下拉三角按钮，再选择"定义新项目符号..."命令，打开"定义新项目符号"对话框，可以选择"符号"或"图片"来定义一个新的项目符号，选择符号类型还可以调节其字体以及对齐方式。

（2）编号

在 Word 2019 的编号格式库中内置多种编号，还可以根据需要定义新的编号格式。

①使用编号库中的编号。在"段落"工具组中单击"编号"下拉三角按钮，在打开的编号库中选择需要使用的编号，即可完成编号的操作。

②自定义新的编号。单击"编号"下拉三角按钮，在打开的下拉列表中选择"定义新编号格式..."命令，打开"定义新编号格式"对话框。单击"编号样式"下拉三角按钮，在"编号样式"下拉列表中选择一种编号样式；单击"字体"按钮，可以为编号设置字体格式；在"编号格式"编辑框中保持灰色阴影编号代码不变，根据实际需要在代码前面或后面输入必要的字符，如在前面输入"第"，在后面输入"项"，并将默认添加的小点删除；在"对齐方式"下拉列表中选择对齐方式，即完成编号的设置。

5. 页面布局设置

文档页面布局包括对文档页边距、页面背景等内容的设置，通过这些设置可以使打印出的文档更加规范。

（1）设置页边距、纸张大小、纸张方向与页面垂直对齐方式

单击"页面布局"功能选项卡，在"页面设置"工具组即能完成页边距、纸张大小、纸张方向的设置；也可以单击"页面设置"工具组的扩展按钮，打开"页面设置"对话框，然后完成设置。

①设置页边距。在"页面设置"工具组中单击"页边距"按钮，并在打开的常用页边距列表中选择合适的页边距，也可以单击页边距列表中的"自定义边距..."命令，在打开的"页面设置"对话框的"页边距"选项卡的上、下、左、右选项栏中输入相应的数值，即完成页边距的设置。

②纸张大小。单击"页面设置"工具组中的"纸张大小"按钮，在打开的

"纸张大小"下拉列表中选择合适的纸张即可。选择"纸张大小"列表中的"其他页面大小…"命令，打开"页面设置"对话框并选择"纸张"选项卡，在"纸张大小"区域单击"纸张大小"下拉三角按钮并选择需要的纸张类型，或者自定义纸张尺寸。

③纸张方向。在 Word 2019 文档中，纸张方向包括"纵向"和"横向"两种，可以根据页面版式要求选择合适的纸张方向。

单击"页面设置"工具组中的"纸张方向"按钮，在打开的下拉列表中选择纸张方向，也可以在"页面设置"对话框的"页边距"选项卡中选择合适的纸张方向。

④页面垂直对齐方式。在默认情况下，Word 2019 文档中的页面对齐方式为"顶端对齐"，也可以设置其他对齐方式。打开"页面设置"对话框的"版式"选项卡，单击"页面"垂直对齐方式右侧的下拉列表框，在展开的下拉列表中选择其他对齐方式。

（2）设置分栏

分栏就是将 Word 2019 文档全部页面或选中的内容设置为多栏，在默认情况下，Word 2019 提供 5 种分栏类型，即一栏、两栏、三栏、偏左、偏右。

①设置分栏。方法如下。

首先，将鼠标光标定位到需要设置分栏的节，或者选中需要设置分栏的特定文档内容（如果当前 Word 文档只有一节且未选中内容，则默认为全部文档分栏）。

其次，在"页面设置"工具组中单击"分栏"按钮，在打开的下拉列表中选择合适的分栏类型。其中，"偏左"或"偏右"分栏是指将文档分成两栏，且左边栏或右边栏相对较窄。

②"分栏"对话框。单击"更多分栏…"选项，打开"分栏"对话框。在"栏数"编辑框中输入分栏数；选中"分隔线"复选框，可以在两栏之间显示一条直线分隔线；如果选中"栏宽相等"复选框，则每个栏的宽度均相等，取消"栏宽相等"复选框可以分别为每一栏设置栏宽；在"宽度"和"间距"编辑框中设置每个栏的宽度数值和两栏之间的距离数值，在"应用于"编辑框中可以选择当前分栏设置应用于全部文档或当前节。

③取消多栏设置。取消分栏是将设置的分栏效果改为一栏。

（3）设置页面背景

①设置页面水印。在 Word 2019 文档背景中可以设置显示半透明的标识（如"机密""草稿"等文字或图片，即水印）。水印既可以是图片，也可以是文字，

并且 Word 2019 内置有多种水印样式。

单击"页面布局"功能选项卡，在"页面背景"工具组中单击"水印"按钮，展开"水印"下拉列表，选择一种样式。如果想自己设计其他文字或图片水印，则单击"自定义水印..."选项，打开"水印"对话框，选择文字水印或图片水印，然后进行相应的设置，即可为页面添加自定义的水印效果。如果需要删除已经插入的水印，则在"水印"下拉列表中单击"删除水印"选项即可。

②页面颜色。Word 2019 文档的页面颜色可以使用单色、渐变颜色、纹理、图案和图片作为页面背景。其中纹理背景主要使用内置的纹理进行设置，图片背景则可以使用自定义图片进行设置。

在"页面背景"工具组中单击"页面颜色"按钮，展开"页面颜色"下拉列表，从中选择一种颜色应用于页面背景即可。单击"其他颜色..."选项，则打开"颜色"对话框，可设置新的颜色应用于页面背景。如果单击"页面颜色"列表中的"填充效果..."选项，则打开"填充效果"对话框，4 个选项卡分别是"渐变""纹理""图案"和"图片"，可自行设计应用于页面背景。取消页面背景的设置，可单击"页面颜色"下拉列表中的"无颜色"选项。

③页面边框。在 Word 2019 文档中设置普通线型页面边框和各种艺术型页面边框，可以使 Word 2019 文档更富有表现力。

在"页面背景"工具组中单击"页面边框"按钮，打开"边框和底纹"对话框的"页面边框"选项卡。在"设置"列表中选择页面边框的类型，在"样式"列表框中选择页面边框的线型，在"颜色"下拉列表框中选择页面边框的颜色，在"宽度"下拉列表框中选择页面边框线型或边框样式的宽度，在"艺术型"下拉列表框中选择页面边框的边框样式，在"预览"选项区中单击应用线型或边框样式的边框，在"应用于"下拉列表框中可选择应用的范围。如果要取消页面边框的设置，则在"设置"列表中选择"无"即可。

6. 打印预览以及打印设置

（1）打印预览

利用文档的"打印预览"功能可以查看文档的打印效果，以便及时调整页边距、分栏等设置。

选择"文件"功能选项卡中的"打印"命令，在打开的"打印"窗口右侧预览区域中可以查看文档的打印预览效果，可以对纸张方向、页面边距等进行设置，调整的结果可以通过预览区域查看，还可以通过调整预览区下面的滑块改变预览视图的大小。单击右下角的"缩放到页面"按钮，可以单页预览。

（2）打印设置

选择"文件"功能选项卡中的"打印"命令，展开"打印"窗口，窗口左侧是打印的一些相关设置，从上到下分为三栏。

①"打印"按钮和打印份数。当设置好所有打印参数并且预览满意后，单击"打印"按钮开始打印。

②打印机的选择及打印机属性的设置。如果计算机中安装有多台打印机，在打印文档时就需要选择合适的打印机，单击打印机图标展开打印机列表，选择准备使用的打印机即可。

③打印项目的设置。

打印文档的范围：单击"打印所有页"，展开下拉列表，可以打印文档、打印文档属性及单独打印奇数页或偶数页。

打印页码的范围：在"页数"文本框中输入需要打印的页码，连续页码使用英文半角连接符（如"5-15"），不连续的页码使用英文半角逗号分隔（如"5，8，16"），即可只打印选定的页。

打印顺序：将一篇多页的文档打印多份。假设将一份 3 页的文档打印 2 份，是按照 112233 的顺序打印还是 123123 的顺序打印，单击"调整"按钮，根据打印需要选择"调整"或者"取消排序"两种方式。

设置纸张方向：单击"纵向"选项，在下拉列表中可以选择纸张的方向。

设置页边距：单击"正常边距"选项，在下拉列表中可以选择各种页面边距以及自定义边距。

将多页文档打印在一页纸上：单击"每版打印 1 页"按钮，在展开的下拉列表中选择合适的版数。

按纸张大小缩放打印：单击"每版打印 1 页"按钮，在展开的下拉列表中选择"缩放至纸张大小"选项，并在打开的纸张列表中选择合适的纸型。

（3）打印预览编辑模式

①添加"打印预览编辑模式"按钮。单击"文件"功能选项卡，选择"选项"，打开"Word 选项"对话框，在"快速访问工具栏"中添加"打印预览编辑模式"按钮。

②打开"打印预览"选项卡。添加"打印预览编辑模式"按钮后，单击该按钮，在功能区即可打开"打印预览"功能选项卡，可以在打印预览中对文档直接进行修改。

7. 插入与编辑 SmartArt

（1）插入 SmartArt

SmartArt 图形是 Word 中预设的形状、文字以及样式的集合，包括列表、流程、循环、层次结构、关系、矩阵、棱锥图和图片等类型，每种类型又包括若干个图形样式。

单击"插入"功能选项卡，在"插图"工具组中单击 SmartArt 按钮，打开"选择 SmartArt 图形"对话框，选择所需要的类型和布局，单击"确定"按钮，插入 SmartArt 图形，图形自动显示"文本"窗格，在图形的文本位置或"文本"窗格中输入相应的文字即可。

（2）编辑 SmartArt 图形

选中 SmartArt 图形，在功能区出现"SmartArt 工具"功能选项卡，单击"设计"功能选项卡，有"创建图形""布局""SmartArt 样式"和"重置"工具组；单击"格式"功能选项卡，有"形状""形状样式""艺术字样式""排列"和"大小"工具组。

①为 SmartArt 图形添加文本。在左侧单击"文本"窗格中的"［文本］"，然后依次输入文本内容；或者在右侧 SmartArt 图形形状中单击"［文本］"字样，输入文本内容即可。

②为 SmartArt 图形添加形状。在 SmartArt 图形中选中与新形状相邻或具有层次关系的已有形状，单击"SmartArt 工具"中的"设计"功能选项卡，在"创建图形"工具组中单击"添加形状"下拉三角按钮，在打开的"添加形状"下拉列表中包含 5 种命令，分别代表不同的意义，根据需要添加合适级别的新形状即可。

在后面添加形状：在选中形状的右边或下方添加级别相同的形状。

在前面添加形状：在选中形状的左边或上方添加级别相同的形状。

在上方添加形状：在选中形状的左边或上方添加更高级别的形状；如果当前选中的形状处于最高级别，则该命令无效。

在下方添加形状：在选中形状的右边或下方添加更低级别的形状；如果当前选中的形状处于最低级别，则该命令无效。

添加助理：仅适用于层次结构图形中的特定图形，用于添加比当前选中的形状低一级别的形状。

③更改 SmartArt 图形布局。选中 SmartArt 图形，单击"SmartArt 工具"中的"设计"功能选项卡，在"布局"工具组中单击"其他"按钮，在打开的"布

局"下拉列表中根据需要重新选择 SmartArt 布局即可。如果当前布局类别中没有合适的 SmartArt 图形布局，则可以选择"其他布局 ..."选项，在打开的"选择 SmartArt 图形"对话框中重新选择合适的图形布局。

④应用 SmartArt 图形样式。Word 预设了一些 SmartArt 图形样式以及颜色方案。选中 SmartArt 图形，单击"SmartArt 工具"中的"设计"功能选项卡，在"SmartArt 样式"工具组中单击"更改颜色"按钮，在展开的下拉列表中选择一种样式应用于 SmartArt 图形；在"SmartArt 样式"工具组中单击"其他"按钮，每一种布局的 SmartArt 样式分为"文档的最佳匹配对象"和"三维"两类，可以根据需要选择合适的样式应用于 SmartArt 图形。

8. 插入图标

（1）插入图标和 SVG

在文档中添加图标或其他可缩放矢量图形（SVG），更改它们的颜色，应用各种效果，并根据自己的需求对其进行调整。完成后，即可旋转、着色和调整其大小，而无损图像质量。具体方法如下：

①单击"插入"功能选项卡，在"插图"工具组中单击"图标"按钮。

②打开"插入图标"对话框，拖拉滚动条或通过单击左侧的导航窗格中的名称，跳转到某个类别，还可以使用左上角的输入框来搜索图标。

③选择一个图标，然后单击右下方的"插入"按钮即可。可在单击"插入"之前单击各个图标，同时插入多个图标。

（2）图标调整

插入的图标还可以改变位置和大小，或进行旋转和着色。若要快速更改图标的颜色，可右击图标，选择"填充"命令，然后选择所需的颜色即可。图标其实都是由多个图形组合而成的，如果要取消组合，则可选中图标后选择"组合"→"取消组合"命令，在打开的对话框中直接单击"是"按钮。

（3）更改图标

选择要改变样式的图标，在"图形工具"→"格式"功能选项卡中单击"图形样式"按钮，并选择需要更改的样式。

如果要改变已经插入的图标，可选中图标后单击"更改图形"按钮，在展开的下拉列表中选择"从图标"选项。

任务2 设计个人求职简历

【任务学习目标】

知识目标：掌握在 Word 中插入表格、表格形状调整、表格格式设置与美化等功能。

能力目标：将简历以表格的方式清晰明了地进行呈现，通过表格的制作能够培养学生细致的观察能力和组织能力，既简洁又有条理性的思维处理方式。

素养目标：设计实事求是、内容丰富的求职简历是在校大学生踏进职场的第一课，提前设计一份求职简历可以让学生了解社会就业实际需求，具有前瞻观念和忧患意识，可以帮助大学生建立大学期间的学习规划，积极参与社会实践，使德、智、体、美、劳得到全方面锻炼，为准备一份丰厚充实的简历积蓄力量。

【任务要求】

王静是一名高职国际贸易专业三年级学生，即将毕业参加工作。她打算利用 Word 软件制作一份简洁而醒目的个人简历，凸显个人特色，在招聘会上给企业留下美好而深刻的印象。

【任务分析】

简历是求职者的敲门砖，简历制作的好坏直接影响到求职是否能够成功。简历不一定非要追求与众不同，要能注意以下五大要领。

1. 语言要言简意赅

言简意赅、流畅，令人一目了然的简历，也是对求职者的工作能力最直接的反映。所以，简历应在重点突出、内容完整的前提下，尽可能地简明扼要，不要陷入无关紧要的说明。多用短句，每段只表达一个意思。

2. 简历内容要真实

确保内容真实是写简历最基本的要求。有求职者为了能让公司对自己有一个好的印象，往往会在简历中造假，可能短期内未被识破，但总会有水落石出的那一天。做人要以诚信为本。

3. 内容应重点突出

招聘人员可能只会花短短几秒钟的时间来审阅你的简历，因此简历要重点突出。不同的企业、不同职位有不同的要求，求职者应当进行必要的分析，有针对性地设计准备简历。盲目地将一份标准版本大量复制，效果会大打折扣。

4. 要突出自己的技能

列出所有与求职有关的技能，将有机会展现学历和工作经历以外的天赋与才华。回顾以往取得的成绩，对自己从中获得的体会与经验加以总结、归纳。

5. 适当引用专业术语

引用应聘职位所需的主要技能和经验术语，使简历突出重点。例如，应聘办公室人员，要求熟悉文字处理系统；应聘建筑类工程师，需要懂绘图和设计软件。

简历有许多类型，如有文字描述型、间接表格型、精美图册型等样式，最常见的当属表格型。

【任务实施步骤】

1. 调整文档版面

新建 Word 文档，设置纸张大小为 A4，页边距（上、下）为 2.5 厘米，页边距（左、右）为 3.2 厘米。

2. 绘制与编辑表格

①单击"插入"功能选项卡，在"表格"工具组中单击"表格"按钮，在打开的"插入表格"对话框中设置，即可插入一个 15 行 5 列的表格。

②调整表格框架。在建立的表格基础上选择相应的单元格，选择"表格工具"→"布局"功能选项卡，在"合并"工具组中单击"合并单元格"按钮，进一步合并单元格。

③选择第一列单元格，按住"Ctrl"键依次选择第 3 列的 6 个单元格，选择"表格工具"→"设计"功能选项卡，单击"底纹"按钮，填充浅灰色底纹，使得内容突出和醒目。

3. 编辑简历内容

①输入文字。可参照样例，也可自由发挥，需重点强调的文字可加粗显示。

②在右上角单元格中插入求职者图片。

4. 设置页眉／页脚

①单击"插入"功能选项卡，在"页眉和页脚"工具组中单击"页眉"按钮，选择"镶边"样式，输入"应届毕业生简历"。

②单击"转至页脚"按钮，在文档底部插入"怀旧"型样式页脚、编辑作者以及页码。

【相关知识】

1. 创建表格

在 Word 中，可以在表格中输入文字、插入图片、插入图形或 SmartArt 图形，或者将复杂的内容有条理地表达出来，还可以在表格中进行运算。

在"表格"工具组中单击"表格"按钮，展开下拉列表。

（1）使用虚拟表格创建表格

在打开的虚拟表格列表中移动光标，经过需要插入的表格行列，确定后单击，即可快速完成表格的插入，但是这种方式只能插入最大为 10×8 的表格。

（2）使用对话框创建表格

在打开的列表中选择"插入表格 ..."命令，打开"插入表格"对话框，选择相应的数据，即可插入表格。

（3）手动绘制表格

在打开的列表中选择"绘制表格"命令，光标变成铅笔形状，在需要绘制表格的位置按住左键拖动鼠标，可绘制表格的行、列和斜线。

（4）插入 Excel 电子表格

在打开的列表中选择"Excel 电子表格"命令，插入空白 Excel 电子表格以后，即可在 Excel 中进行数据录入、数据计算等数据处理工作，其操作方法与在 Excel 中完全相同。

（5）使用表格模板

可以使用表格模板并基于一组预先设计好格式的表格插入一张表格。表格模板包含示例数据，可以帮助设计表格的外观。

在插入表格的位置单击"插入"功能选项卡，在"表格"工具组中单击"表格"按钮，在展开的"插入表格"列表中选择"快速表格"命令，然后在打开的"快速表格"列表中单击需要的模板，再使用新的数据替换模板中的数据。

2. 输入、编辑与格式化表格内容

（1）在表格中输入文字

在 Word 2019 中插入表格后，在需要输入内容的单元格中单击，使其处于编辑状态，即可输入内容。

（2）编辑表格

①插入 / 删除单元格、行和列。选中单元格、行或列，在"表格工具"→"布局"功能选项卡的"行和列"工具组中单击相应的按钮，即可插入 / 删除单元格、行和列，也可在"行和列"工具组中单击对话框启动器按钮，打开"插入单元格"

对话框，再进行相应的选择，即可插入单元格、行或列。

②拆分单元格。其可以将表格的一个单元格拆分成两个或多个单元格。

右击需要拆分的单元格，在打开的列表中选择"拆分单元格…"命令，打开"拆分单元格"对话框，分别设置需要拆分成的"列数"和"行数"，单击"确定"按钮完成拆分。

选中需要拆分的单元格，单击"布局"功能选项卡中的"拆分单元格"按钮，打开"拆分单元格"对话框，分别设置需要拆分成的"列数"和"行数"，单击"确定"按钮完成拆分。

选定表格中任意一个单元格，选择"表格工具"→"设计"功能选项卡，在"绘图边框"工具组中单击"绘图表格"按钮，光标变成铅笔形状，拖动鼠标即可在表格中绘制线条，将单元格拆分成多个行或列。按"Esc"键或再次单击"绘图表格"按钮可取消绘制状态。

③合并单元格。其可以将表格中两个或两个以上的单元格合并成一个单元格。

选择表格中需要合并的两个或两个以上的单元格，右击并选择"合并单元格"命令即可。

选择表格中需要合并的两个或两个以上的单元格，单击"布局"工具选项卡，在"合并"工具组中单击"合并单元格"按钮合并单元格即可。

选择表格中需要合并的两个或两个以上的单元格，单击"表格工具"→"设计"功能选项卡"绘图边框"工具组中的"擦除"按钮，指针变成橡皮擦形状，在表格线上拖动鼠标即可擦除线条，将两个单元格合并。按 Esc 键或再次单击"擦除"按钮可取消擦除状态。

（3）拆分、合并表格

①拆分表格。其可用以下方法。

可以将一个表格拆分成多个表格。表格只能从行拆分，不能从列拆分。

单击表格拆分的分界行中任意单元格，单击"表格工具"→"布局"功能选项卡"合并"工具组中的"拆分表格"按钮即可。

单击表格拆分的分界行中任意单元格，按 Ctrl+Shift+Enter 组合键。

②合并表格。其可以将多个表格合并成一个表格，方法是选中两个表格之间的空行并将其删除即可。

（4）单元格调整

①单元格大小调整。选中单元格、行或列，在"表格工具"→"布局"功能选项卡"单元格大小"工具组中单击"自动调整""分布行"和"分布列"

等按钮，在"高度"和"宽度"框中调整数值以便对行、列或单元格的大小进行设置；也可以单击"单元格大小"工具组中的对话框启动器按钮，打开"表格属性"对话框，单击"行""列"或"单元格"选项卡，对行、列或单元格的大小进行设置。

②设置单元格文字对齐方式、文字方向和边距。选中单元格、行或列，单击"布局"工具选项卡，在"对齐方式"工具组中设置单元格的文字对齐方式和方向；单击"单元格边距"按钮，打开"表格选项"对话框，输入单元格上、下、左、右的值调整单元格边距。

（5）格式化表格

①设置表格的对齐方式和文字环绕。选中单元格、行或列，单击"布局"选项卡"表"工具组中的"属性"按钮，或在"单元格大小"工具组中单击对话框启动器按钮，打开"表格属性"对话框，在"表格"选项卡中选择表格的对齐方式和文字环绕方式。

②为表格添加边框和底纹。选中单元格、行或列，单击"设计"功能选项卡，在"表格样式"工具组中单击"底纹"或"边框"按钮，可以设置选中的单元格的底纹和边框。单击"边框"下拉三角按钮，在下拉列表中选择"边框和底纹..."命令，或单击"绘制边框"工具组的对话框启动器按钮，都可以打开"边框和底纹"对话框，选择合适的边框和底纹后，在"应用于"下拉列表中选择"表格"。

③表格样式的应用。选中单元格、行或列，单击"设计"功能选项卡"表格样式"工具组中样式右侧的"其他"按钮，在展开的 Word 内置的表格样式中选择一种样式应用于所选表格，也可以修改表格样式、清除样式和新建样式。

3. 文本与表格的转换

（1）文本转换为表格

在编辑文本并需要将文本内容使用表格进行表现时，可直接将文本转换为表格。

①整理文本。在转换时首先需要设置文字的分隔符位置，插入分隔符（如逗号或制表符），以指示将文本分成列的位置。使用段落标记指示要开始新行的位置。

②转换成表格。选择要转换的文本，单击"插入"功能选项卡"表格"工具组中的"表格"按钮，展开下拉列表，选择"文本转换成表格..."命令，打开"将文字转换成表格"对话框，根据文本内容，将表格的尺寸、文字分隔位置设置好，单击"确定"按钮即可。

（2）表格转换成文本

选中需要转换为文本的单元格；如果需要将整张表格转换为文本，则只需单击表格中任意单元格。单击"表格工具"→"布局"选项卡"数据"工具组中的"转换为文本"按钮，打开"表格转换成文本"对话框，选中文字分隔符中任意一种标记符号选项。最常用的是"段落标记"和"制表符"两个选项。如果表格中有嵌套表格，则选中"段落标记"，同时选中"转换嵌套表格"选项，可将嵌套表格中的内容转换为文本。

4. 设置标题行重复

如果一张表格需要在多页中跨页显示，则设置标题行重复显示很有必要，因为这样会在每一页都明确显示表格中的每一列所代表的内容。

①在表格中选中标题行（必须是表格的第一行）。单击"布局"功能选项卡的"表"工具组中的"属性"按钮，打开"表格属性"对话框，切换到"行"选项卡，选中"在各页顶端以标题行形式重复出现"复选框，单击"确定"按钮即可。

②单击"布局"功能选项卡的"数据"工具组中的"重复标题行"按钮，设置跨页表格标题行重复显示。

5. 对表格数据进行计算

在 Word 中使用表格，可以对表格的内容进行排序与运算等操作。使用这两个功能可以对表格中的数据进行分析处理，使表格中的内容更有条理，更清晰。

（1）对表格数据进行排序

单击需要数据排序的表格，单击"布局"功能选项卡→"数据"工具组中的"排序"按钮，打开"排序"对话框，在"主要关键字"区域单击关键字下拉三角按钮，选择排序依据的主要关键字；单击"类型"下拉三角按钮，在"类型"列表中选择"笔画""数字""日期"或"拼音"选项；选中"升序"或"降序"单选按钮，设置排序的顺序类型。如果需要，可以在"次要关键字"和"第二关键字"区域进行相关设置。在"列表"区域选中"有标题行"单选按钮。如果选中"无标题行"单选按钮，则表格中的标题也会参与排序。

（2）在表格中进行运算

Word 2019 提供的数学公式运算功能对表格中的数据进行数学运算，包括加、减、乘、除、求和、求平均值等常见运算，可以使用运算符号和 Word 2019 提供的函数进行运算。

在准备数据计算的表格中单击计算结果单元格，单击"表格工具"→"布局"功能选项卡"数据"组中的"公式"按钮，打开"公式"对话框。"公式"编辑框中会根据表格中的数据和当前单元格所在位置自动推荐一个公式，如"=SUM（ABOVE）"是指计算当前单元格上方单元格的数据的和。可以单击"粘贴函数"下拉三角按钮选择合适的函数，如平均数函数 AVERAGEO，计数函数 COUNTO 等。其中，公式中括号内的参数包括 4 个，分别是 LEFT、RIGHT、ABOVE 和 BELOW。完成公式的编辑后单击"确定"按钮，即可得到计算结果。

任务3　制作大学生创新创业交流会邀请函

【任务学习目标】

知识目标：了解域的概念，掌握邮件合并的应用范围和操作步骤。

能力目标：通过批量生成邀请函，使学生充分认识到利用软件功能提高工作效率的便捷性。

素养目标：通过制作大学生创新创业交流会邀请函的任务，启发学生树立创新创业意识，顺应"大众创新，万众创业"的潮流，激发学生利用所学专业积极创新创业的热诚。

【任务要求】

山东某高校学生会计划举办一场"大学生创新创业交流会"的活动，拟邀请专家和教师给在校学生进行演讲。校学生会需要制作一批邀请函，分别递送给相关的专家和教师。

【任务分析】

完成邀请函的制作，请注意以下几点：

①内容符合邀请函的要求。

②调整邀请函中内容文字的字体、字号和颜色，以及文字段落的对齐方式。

③根据页面布局需要，调整邀请函中"大学生创新创业交流会"和"邀请函"两个段落的间距。

④在"尊敬的"和"老师"文字之间插入拟邀请的专家和教师姓名，所有的邀请函页面请另外保存在一个名为"Word 邀请函 .docx"文件中。邀请函制作完成后，将主文档保存为 Word.docx 文件。

邀请函是邀请亲朋好友或知名人士、专家等参加某项活动时所发的书信。

它是现实生活中常用的一种日常应用写作文种。在国际交往以及日常的各种社交活动中，这类书信使用广泛。邀请函的结构一般由标题、称谓、正文、落款组成。要注意简洁明了，文字不要太多。

【任务实施步骤】

1. 页面设置

①新建 Word 空白文档。

②单击"页面布局"功能选项卡中的"纸张大小"按钮，设置纸张高度为18 厘米、宽度为 30 厘米。单击"页边距"按钮，设置上、下为 2 厘米，左、右为 3 厘米。

2. 输入邀请函文字内容，进行字符和段落格式的美化

①将标题文字"大学生创新创业交流会"设置为微软雅黑、一号、蓝色；居中对齐，段前 2 行、段后 1 行。

②"邀请函"设置为微软雅黑、二号、黑色；居中对齐，段后 0.5 行。

③正文文字设置为微软雅黑、小四号、黑色；首行缩进 2 字符，行间距为1.5 倍。

④落款文字设置为微软雅黑、小四号、黑色；行间距为 1.5 倍，右对齐。

3. 邮件合并

①单击"邮件"功能选项卡"开始邮件合并"工具组中的"信函"按钮。

②单击"选择收件人"按钮，选择"使用现有列表"命令，打开"选择表格"对话框。

③在"尊敬的"文字后定位插入点，单击"插入合并域"按钮，选择"姓名"，将域插入合适的位置。

④单击"预览结果"按钮，预览邮件合并后的结果。单击"完成并合并"按钮，选择"编辑单个文档"命令，打开"合并到新文档"对话框，选择"全部"单选按钮，单击"确定"按钮，生成信函。

4. 页面美化

单击"页面布局"功能选项卡"页面背景"工具组中的"页面颜色"按钮，选择"填充效果"命令，打开的对话框，将"背景图片 .jpg"设置为邀请函背景。

【相关知识】

1. 邮件合并

邮件合并可以批量地制作出相同格式的文档并发给不同的用户。

2. 主文档和数据源

邮件合并的原理是将发送的文档中相同的部分保存为一个文档，称为主文档；将不同的部分以二维表的形式存储在另一个文档中，称为数据源。邮件合并的操作主要是主文档和数据源的创建。

3. 邮件合并过程

（1）在主文档中打开数据源

打开主文档，单击"邮件"功能选项卡，在"开始邮件合并"工具组中单击"选择收件人"按钮，在打开的下拉列表中选择"使用现有列表..."命令，打开"选取数据源"对话框，选择已经保存好的数据源文件；单击"打开"按钮，打开"选择表格"对话框，选择数据源所在的工作表，然后单击"确定"按钮，打开数据源文件。

（2）插入合并域

合并域是数据源中变化的一些信息，插入合并域是把数据源中的信息添加到主文档中。在"编写和插入域"工具组中单击"插入合并域"按钮，展开需要插入的合并域列表，分别将合并域插入主文档的相应位置，这样在主文档与数据源之间就建立了数据的链接。

（3）合并数据与主文档

在"完成"工具组中单击"完成并合并"按钮，选择"编辑单个文档"命令，打开"合并到新文档"对话框，进行相应的选择，单击"确定"按钮，就生成了一个新文档。

（4）域

①域的概念。域是文档中的变量，分为域代码和域结果。域代码是由域标记、域名、域开关和其他条件元素组成的字符串；域结果是域代码所代表的信息。域就是引导 Word 在文档中自动插入文字、图形、页码或其他信息的一组代码。

域也可以被格式化，可以将字体、段落和其他格式应用于域结果，使它们融合在文档中。

②域的编辑。包括以下方面。

插入域：单击"插入"功能选项卡"文本"工具组中的"文档部件"按钮，

在列表中选择"域…"命令，打开"域"对话框。

更新域：大多数域是可以更新的。当域中的源信息发生了改变，可以更新域，让其显示最新的信息。选中要更新的域，按 F9 键，或右击并在快捷菜单中选择"更新域"命令。

显示或隐藏域：要显示或者隐藏指定的域代码，可单击需要实现域代码的域或其结果，然后按"Shift+F9"组合键；要显示或者隐藏文档中所有域代码，可按"Alt+F9"组合键。

锁定或解除锁定域：要锁定某个域，以防止修改当前的域结果，可单击域，然后按"Ctrl+F11"组合键；要解除锁定，以便对域进行更改，可单击域，然后按"Ctrl+Shift+F11"组合键。

项目小结

通过征文启事、个人求职简历、邀请函设计三个任务的制作，初步掌握图文混排作品的整体设计思路与基本制作方法，掌握长文档排版的技巧以及 Word 软件的高级应用功能中邮件合并的使用。通过项目实训，使我们巩固了 Word 软件操作的基本知识，改正了过去使用 Word 软件过程中的很多错误方式，学习到了很多文档处理的新技巧，提升了对实际工作中 Word 文档处理的新认识，使我们的文档处理水平获得一个质的改变。

第三节 项目：Excel 2019 电子表格制作

项目导读

Excel 是一个电子表格软件，可以用来制作电子表格，进行许多复杂的数据运算，实现数据的分析和预测，同时还具有强大的制作图表功能。它已成为国内外广大用户管理公司和个人财务、统计数据、绘制各种专业化表格的得力助手。

Excel 2019 是微软公司开发的 Office 2019 办公组件之一。Excel 2019 新增了多个统计函数，增强了数据透视表功能，添加了地图和漏斗图功能，还可插入增强视觉的对象和墨迹公式等，较之前的版本其功能更加强大。

项目学习目标

·掌握 Excel 文档的编辑。

·掌握数据清单的基本操作与美化。

·熟悉公式和函数的应用。

·熟悉图表的应用。

📖 项目职业能力要求

·熟悉 Excel 软件的操作技能。

·能够进行表格编辑和美化，对数据清单进行数据分析。

·具有一定的写作能力，能够用简洁清晰的语言描述任务实施步骤和内容。

·具有良好的自主学习能力，在工作中能够灵活利用互联网查找信息并解决实际问题。

📖 项目实施

本项目通过设计和制作 ×× 公司的 3 个典型工作表：员工信息表、医院员工工资表、药品销量统计分析表，详细介绍 Excel 2019 在数据管理、数据运算和数据统计分析等方面的应用。

任务1 设计与制作员工信息表

【任务学习目标】

知识目标：掌握数据的输入和表格格式化，能进行数据验证和条件格式的设置，能够对工作表进行打印设置，了解工作簿和工作表的保护。

能力目标：使学生了解企业人事管理信息的基本事项，感受 Excel 软件数据管理的便利功能，从而激发学生的学习热情和求知欲望，培养学生严谨认真的工作作风。

素养目标：通过设计员工信息表，使学生深刻体会社会对人才信息的关注点，同时加强对企业员工隐私的保护。

【任务要求】

随着公司规模的不断扩大，×× 公司需要对人事部门进行管理改革。要求人力资源部设计出新的员工信息表，其中要体现员工的姓名、性别、年龄、学历、工作时间、所在部门等基本信息。通过此表可以直观快捷地了解员工的基本情况，方便对员工的管理。

【任务分析】

设计员工信息表时，首先需要分析设计表的结构，确定需要统计的数据。

159

这些数据应该能体现一个员工的工作面貌，并方便其他表格参考。其次要设计好每种数据的输入方式，添加必要的数据验证，以使数据输入更加便捷且准确有效，便于后期数据的补充更新。最后要设计好表格的格式和打印，使表格赏心悦目。

具体要求如下：

①在表格中输入员工编号、姓名、性别等各列数据。

②对每列数据进行数据格式、数据验证方面的设置。

③对参加工作时间列设置条件格式。

④套用表格样式，使其美观大方。

⑤设置打印格式。

【任务实施步骤】

1. 编辑表格内容

（1）新建工作簿

启动 Excel 2019，在"文件"功能选项卡中选择"新建"命令，再选择"空白工作簿"，即可创建一个新的工作簿。保存文件名为"××公司员工信息表 .xlsx"。

在此工作簿中有一个名为 Sheet1 的工作表。右击 Sheet1 工作表标签，选择"重命名"命令，将 Sheet1 工作表重命名为"××公司员工信息表"。

（2）设置表格标题

①插入列名。双击 A1 单元格，进入单元格编辑状态，在其中输入"编号"。用此方法，依次在 B1～I1 单元格中分别输入"职工号""姓名""性别""学历""部门""职位""参加工作时间"和"身份证号"列。如果文本越过网格线，可以适当拖动网格线加大列宽，使得文本显示在一列中。

②插入一行。选择第一行，右击打开快捷菜单，选择"插入"命令，在第一行前面插入一行。右击此行打开快捷菜单，选择"行高"命令，打开"行高"对话框，将"行高"设置为 26。

③标题设计。在 A1 单元格中输入表格标题"××公司员工信息表"。选择 A1～I1 单元格区域，单击"开始"功能选项卡"对齐方式"工具组中的"合并后居中"按钮，选择"合并后居中"命令。在"开始"功能选项卡"字体"工具组中设置填充颜色为蓝色底纹，字体设置为黑体、20 磅、白色。

④用插入行的方式在标题行后面插入一行。插入时会出现插入行格式的选项，选择清除格式，设置行高为 15。输入"更新日期"，用快捷键"Ctrl+；"

插入系统日期，用快捷键"Ctrl+Shift+；"插入当前系统时间。合并单元格，选择左对齐，字体为黑体、10 磅。

（3）输入数据

①输入编号列数据。选择编号列 A4 ～ A63 单元格并右击，在弹出的快捷菜单中选择"设置单元格格式"命令，在"数字"选项卡"分类"列表中选择"文本"，使得此行的数据类型为文本格式。在 A4、A5 单元格中分别输入 01，02。选中 A1：A2 单元格区域，拖动右下角黑色十字样式的填充柄，向下快速填充至 60。

②采用固定内容输入方式输入职工号。选定输入区域 B4：B63，打开"设置单元格格式"对话框中的"数字"选项卡，选择"自定义"中的通用格式，在类型中输入""GSF-"@"。然后在"职工号"列中输入数字，可以发现数字前会自动出现固定内容"GSF-"。

③利用数据验证来设置，"姓名"列长度为 2 ～ 4 个字。Excel 允许用户在录入数据前预先设置单元格内数据类型、大小范围、输入时的信息提示及错误提示等，方便用户快速录入数据并能及时发现录入错误，这种设置称为数据验证。此例的操作步骤如下：

首先，选定姓名列数据区域，单击"数据"选项卡"数据工具"工具组中的"数据验证"按钮，进入"数据验证"对话框。设置"允许"栏为"文本长度"，"数据"介于 2 与 4 之间，单击"确定"按钮，此列的数据验证就设置完成了。完成后，向姓名列插入数据。

其次，设置好数据验证条件后，还可以切换到"输入信息"选项卡。在"标题"和"输入信息"文本框中输入要显示的信息，单击"确定"按钮。选定设置的单元格，即可显示设置的提示信息。也可用同样的方式设置出错警告信息。

最后，向姓名列插入数据，会发现插入姓名的长度必须是 2 ～ 4 个字符，插入其他长度姓名时，将出现输入非法的错误提示，表示插入不成功。

④设置"性别"列为下拉列表方式（男，女）。选择"性别"列数据区域，用上面的方式打开数据验证，设置验证条件允许栏为"序列"，来源栏输入"男，女"，注意其中的逗号用英文半角输入。

设置好后，单击性别列区域任意一个单元格，单元格右侧将显示一个下拉按钮，单击该按钮会弹出一个列表，其中显示了可以输入的内容（男，女），按需要选择其一即可。

⑤用上述数据验证的方式设置"学历"列为下拉列表方式（博士，硕士，本科，专科），并选择输入数据。

⑥在"部门"和"职位"列批量录入相同的数据。按住"Ctrl"键选定要输入相同数据的单元格区域,在编辑栏中输入数据(如"服务部"),然后按"Ctrl+Enter"组合键则可同时录入相同的数据。

⑦选择"参加工作时间"列数据区域,打开"设置单元格格式"对话框,设置数据类型为日期格式,如2012年3月14日。如果单元格出现"#"字样,说明数据宽度超过了单元格宽度,此时只需调整单元格宽度即可显示完整的数据。

⑧设置单元格格式,将"身份证号"列设置为文本类型数据,按样例输入身份证号。

2. 表格格式化

①套用表格样式。系统设置了多种专业性的表格样式供选择,可以选择其中一种格式自动套用到选定的工作表单元格区域。通过"套用表格格式",可以快速美化表格。具体操作如下。

选定A3:I63单元格区域,单击"开始"功能选项卡"样式"工具组中的"套用表格样式"按钮,会出现多种表格样式,为表格套用"中等深浅2"样式。套用格式后,表格会进入数据筛选模式,可以在出现的"表格工具"→"设计"功能选项卡中单击"工具"栏中的"转换为区域"按钮,将表格转换为普通区域。

②给"参加工作时间"列设置条件格式:2000年之前参加工作的用黄色填充,2000年至2009年参加工作的用浅绿色填充,2010年(包括)之后参加工作的用蓝色填充。

具体操作:单击"开始"功能选项卡"样式"工具组中的"条件格式"按钮,选择"新建规则"命令。在"新建格式规则"对话框中设置单元格值的范围以及对应的格式。同样设定其他的条件格式。

③单击"视图"功能选项卡,选择"显示"工具组中的"网格线"选项,取消选中"网格线"。

④单击"页面布局"功能选项卡,在"页面设置"工具组中单击"背景"按钮,选择从文件插入图片"get.jpg",为工作表设置背景图片。

⑤右击工作表标签,将工作表标签的颜色设为红色。

⑥在第3行和第4行之间冻结窗格。

冻结窗格可将工作表的上窗格和左窗格冻结在屏幕上,滚动工作表时,行标题和列标题可以一直在屏幕上显示。

选择"冻结拆分窗格"命令，则活动单元格上边和左边的所有单元格被冻结在窗口上；选择"冻结首行"命令，则首行的所有单元格被冻结在窗口上；选择"冻结首列"命令，则首列的所有单元格被冻结在窗口上。

冻结窗格后，单击"冻结窗格"中的"取消冻结窗格"按钮，可取消冻结窗格。

具体操作：选中第4行，选择"视图"功能选项卡，在"窗口"工具组中单击"冻结窗格"按钮，选择"冻结拆分窗格"命令。冻结后，第3行和第4行之间有一条黑色横线，滑动滚动条，行标题不会再随之滚动。

3. 给工作簿添加密码

给工作簿添加密码有两种方法。

第一种方法：单击"文件"功能选项卡中"信息"命令下的"保护工作簿"按钮，在弹出的菜单中选择"用密码进行加密"命令，打开"加密文档"对话框。输入工作簿密码，单击"确定"按钮后再输入一遍密码，再次单击"确定"按钮即可。

第二种方法：在"另存为"对话框中单击"工具"按钮，选择"常规选项"命令，打开"常规选项"对话框。输入打开权限密码和修改权限密码，单击"确定"按钮，然后输入确认密码即可。

4. 页面设置

①插入分页符，把"王××"以及以后的员工打印在另外一张纸上。

具体操作：首先选中王××所在的行，然后单击"页面布局"功能选项卡，在"页面设置"工具组中单击"分隔符"按钮，选择"插入分页符"命令即可；如果要删除分页符，则单击"分隔符"按钮，选择"删除分页符"命令即可。

②设置页边距。打开"页面设置"对话框中的"页边距"选项卡，设置上、下、左、右，以及页眉、页脚、页边距，并设置居中方式为水平垂直居中。

③设置页眉和页脚。打开"页面设置"对话框中的"页眉/页脚"选项卡，单击"自定义页眉"按钮，在页眉左边插入公司 logo 图片，中间插入文件名称，右边插入日期，在页脚栏下拉列表中选择"第1页，共? 页"，设置页脚。

5. 打印工作表

（1）设置打印区域

首先选定数据区域，单击"页面布局"功能选项卡"页面设置"工具组中的"打印区域"按钮，在下拉列表中选择"设置打印区域"命令，在所选区域四周会自动添加虚的边框线，系统将只打印边框线包围部分的内容。

（2）设置打印行和列的标题

打开"页面设置"对话框，单击"工作表"选项卡，将光标放到"顶端标题行"文本框，在工作表中单击行标题所在的行号，或直接输入行号，单击"确定"按钮即可。

（3）打印输出

选择"文件"功能选项卡中的"打印"命令，展开的"打印"面板左侧分布了多个选项，用于对打印机、打印范围和页数、打印方向、纸张大小、页边距等进行设置。面板右侧显示了当前工作表第一页的预览效果。设置好后，确认无误，可以单击"打印"面板中的"打印"按钮，将工作表打印输出。

【相关知识】

1. 工作簿与工作表的基本操作

（1）工作簿、工作表与单元格

工作簿是 Excel 用来存储并处理数据的一个或多个工作表的集合，其默认文件名为"工作簿 1"，默认的扩展名为".xlsx"。在一个工作簿中可以包含多张不同类型的工作表，最多可包含 255 张工作表。

工作表是 Excel 用来处理和存储数据的载体。工作表是一个由若干行与列交叉构成的表格，每一行与每一列都有一个单独的标号来标识，用于标识行的称为行号，由阿拉伯数字表示，由上到下按"1，2，3，……，1048576"编号；用于标识列的称为列标，由英文字母表示，按"A，B，C，……，AA，AB，……，XFD"（共 16384 列）编号。

单元格是 Excel 的基本操作单位。输入的任何数据，如数值、文本、公式等，都保存在单元格中。为了方便操作，每个单元格都有一个地址，其形式是由单元格所在列的列标和所在行的行号组成的。例如，C4 表示第 C 列第 4 行的单元格。

由于一个工作簿可有多个工作表，为区分不同工作表的单元格，可在单元格地址前加上工作表名来区分。例如，Sheet3!A3 表示该单元格为 Sheet3 工作表中的 A3 单元格。由一组连续的或不连续的多个单元格组成的区域称为单元格区域。例如，单元格区域 A1：C2 由单元格 A1、A2、B1、B2、C1、C2 六个单元格组成。

（2）Excel 2019 操作界面

在启动 Excel 2019 时，系统会自动打开一个工作簿，并自动命名为"工作簿 1"，此工作簿包含一个工作表为 Sheet1。下面介绍 Excel 2019 界面的一些组成部分，主要包括名称框编辑栏、行号与列标、工作表标签、活动单元格等。

名称框：用于显示当前单元格的名称或单元格的名称。

编辑栏：可以输入单元格的内容，也可以编辑各种复杂的公式或函数。

全选按钮：单击该按钮，可以选择工作表中的所有单元格。

工作表标签：在工作簿中，每一个工作表都有自己的名称，默认名称为Sheet1、Sheet2、Sheet3……显示在工作界面的左下角，称为"工作表标签"。右击它，可以进行的操作有重命名、复制、移动、插入工作表，还可以改变工作表标签的颜色。

活动单元格：当前正在使用的单元格称为"活动单元格"，外观上显示一个明显的黑框。单击某个单元格，它便成为活动单元格，可以向活动单元格内输入数据，活动单元格的地址会显示在名称框中。

（3）工作簿、工作表和单元格的保护

①保护工作簿的窗口和结构。如果不想让其他用户随意改变工作簿窗口的大小和位置，或者新建/删除工作表，那么需要对工作簿窗口和结构做进一步的保护。

保护工作簿的结构：工作簿所包含的工作表的名称、排列顺序不可改变。

保护工作簿的窗口：工作簿窗口大小不可改变。

保护工作簿的方法：单击"审阅"功能选项卡"保护"工具组中的"保护工作簿"按钮，打开"保护结构和窗口"对话框，选择要保护的内容，输入保护密码，单击"确定"按钮即可。

如果要撤销对工作簿的保护，则单击"审阅"→"保护"→"保护工作簿"按钮，打开"撤销工作簿保护"对话框，输入保护密码，单击"确定"按钮即可。

②保护工作表。如果工作表的内容不想被更改，可对工作表设置保护。方法如下：单击"审阅"功能选项卡"保护"工具组中的"保护工作表"按钮，打开"保护工作表"对话框，选择允许用户进行的操作，输入保护密码，单击"确定"按钮即可。

要取消工作表的保护，单击"审阅"功能选项卡"保护"工具组中的"撤销工作表保护"按钮，打开"撤销工作表保护"对话框，输入保护密码，单击"确定"按钮即可。

③设置允许编辑区域。当工作表被保护后，该工作表中的单元格不能被编辑修改。如果需要编辑部分单元格，可以在保护工作表之前通过设置"允许编辑区域"的方式来设置单元格的编辑权限。选择需设置编辑权限的单元格，单击"审阅"功能选项卡"保护"工具组中的"允许编辑区域"按钮，单击"新建"

按钮设置允许编辑的区域及密码，再单击"确定"按钮。这部分区域在工作表被保护后，可以在输入密码后允许被编辑。

2. 工作表数据的输入

（1）单元格和单元格区域的选定

单元格是 Excel 存放数据的最小独立单元。输入和编辑数据前，需要先选定单元格，使其成为活动单元格。根据不同需要，有时需要选择独立的单元格，有时则需要选择多个单元格。

①单个单元格的选择。其包括以下方法：

方法一：单击要选择的单元格，使其成为活动单元格，对应的行号和列标会突出显示，也可以用键盘上的方向键（↑，↓，←，→）、Tab 键（右移）、"Shift+Tab"组合键（左移）选择单元格。

方法二：在"名称"框中直接输入单元格的地址或名称，可快速定位到指定单元格（区域）。例如，要快速选定 IG6789 单元格，可在名称框中输入"IG6789"，然后按"Enter"键即可。

②单元格区域的选择。其包括以下方法：

方法一：用鼠标拖动选择：例如，选择"A1：G5"为活动单元格区域，先用鼠标指向单元格 A1，按下左键并拖动鼠标，到单元格 G5 释放鼠标，可选择连续的单元格区域。

方法二：用鼠标单击选择：要选择连续的单元格区域，如选择 Al：D40 为活动单元格区域，可以先单击 A1 单元格，然后按住"Shift"键再单击 D40 单元格；要选择不连续的单元格区域，按住"Ctrl"键单击要选择的单元格（或区域）。

方法三：用定位命令选择：当要选择的单元格区域较大时，可用"定位"命令选择。例如，选择单元格区域"A1：N100"，选择"开始编辑"→"查找和选择"→"转到"命令（或按 F5 键），弹出"定位"对话框，在"引用位置"框输入"A1：N100"，单击"确定"按钮即可。

在"定位"对话框中单击"定位条件"按钮，弹出"定位条件"对话框，可根据单元格的数据类型选定需要的内容。

③行和列的选择。单击行号或列标，可以选定一行或一列；用鼠标拖动行号或列标，可选择一个连续的行区域或列区域；按住"Ctrl"键单击行号或列标，可选择一个不连续的行区域或列区域。

④选定整个工作表（全选）。按"Ctrl+A"或"Ctrl+Shift+Space"组合键，

或单击工作簿窗口左上角的全选按钮（行号与列标的交叉处），可选定全部工作表。

（2）各种类型数据的输入

①文本的输入。文本可以是任何字符串（包括字母、数字、各种符号）。单元格中输入文本时自动左对齐。输入的文本长度超过单元格显示宽度且右边单元格中未有数据时，允许覆盖相邻的单元格（仅仅是显示），但该文本只存放在一个单元格内。

如果要将数字作为文本输入，应在其前面加上单引号（英文半角），如"'123.45"；或在数字前面加等号并把输入数字用双引号括起来，如＝"123.45"。其中，单引号表示输入的文本在单元格中左对齐。

②数值的输入。数值在单元格中自动右对齐。输入负数时要在前面加一个负号，若数字宽度超过单元格显示宽度，用一串"#"号表示，或用科学记数法显示（整数位数超过 11 位时）。单元格中数字格式的显示取决于显示方式的设定。

在单元格中输入分数时，为避免将分数视作日期，要在输入分数之前先输入"0"和空格作为引导符，如"0 1/2"表示 1/2。

③日期和时间的输入。Excel 提供了多种日期和时间的显示格式，日期的数据可用 YY-MM-DD 或 YY/MM/DD 格式输入；时间的数据可用"时：分：秒"格式输入。输入的日期和时间数据可以通过"设置单元格格式"对话框中相应的选项来修改。

日期中的年份可以是四位数字，也可为两位数字。当两位数字为 00—29 时，系统解释为 2000—2029 年；当两位数字为 30—99 时，系统解释为 1930—1999 年。年份缺省时，系统解释为当前年份。月份只能为 1—12，日期只能为 1—31。时间的录入，可用 12 小时计时制，也可用 24 小时计时制，如晚上 10 点 5 分可表示为"10:05:00PM"或"22:05:00"。

（3）在工作表中填充数据

若输入大量相同的内容、公式或输入的数据存在等差关系、等比关系时，可以利用 Excel 的自动填充功能完成数据的输入。

①填充相同的数据。将数据输入一个单元格后，选中包含此单元格的一个连续区域，单击"开始"→"编辑"→"填充"按钮，选择"向下"/"向右"/"向上"/"向左"命令，可填充与该单元格相同的数据。

也可以将数据（不具有增减的文本或数字）输入一个单元格后，选中此单元格，将鼠标光标指向填充柄，按下左键的同时拖动填充柄，可填充与该单元格相同的内容。

②等比或等差数列的填充。其可用以下两种方法：

方法一。在相邻的两个单元格中输入成等比或等差级数关系的数字，选定这两个单元格，拖动填充柄。若是等差序列，则按下左键拖动填充柄，直接填充完毕；若是等比序列，则需按下右键拖动填充柄，至目标单元格后释放鼠标按键，在弹出的快捷菜单中选择等比序列即可。

方法二。将序列首项输入一个单元格后，选中包含此单元格的一个连续区域（一行或一列），单击"开始"功能选项卡"编辑"工具组中的"填充"按钮，选择"序列..."命令，打开"序列"对话框。"序列"选择"行"或"列"，"类型"选择"等差序列"或"等比序列"。在"步长值"中输入所需步长，单击"确定"按钮，即可填充相应序列。

③快捷填充。将数据输入一个单元格后，选中此单元格，再按下鼠标右键拖动填充柄到指定点，在快捷菜单中可以选择合适的方式填充。

④用户自定义序列填充。用户可以直接应用系统已定义的序列。如果用户需要经常应用某个序列，则可自己定义序列。例如：语文、数学、英语、体育、政治序列；鼠、牛、虎、兔、龙、蛇……猪序列等。具体方法如下：

首先，选择"文件"→"选项"命令，打开"Excel 选项"对话框。

其次，选择左侧列表中的"高级"选项，单击右侧"常规"中的"编辑自定义列表"按钮，弹出"自定义序列"对话框，选择左侧的"新序列"，在右侧的"输入序列"列表中逐项输入自定义的数据序列，每项数据输入完后按"Enter"键。

然后，单击"添加"按钮，新定义序列被添加到"自定义序列"列表；也可以在"自定义序列"对话框中单击"导入"按钮，导入已有的序列。

最后，单击"确定"按钮，序列定义完毕。

3. 工作表的编辑

（1）行和列的插入与删除操作

选定需要插入的单元格（区域、行、列），单击"开始"功能选项卡"单元格"工具组中的"插入"按钮的下拉三角按钮，选择插入单元格/行/列的命令；或选定单元格（区域、行、列）右击，在快捷菜单中选择"插入"命令。删除操作与之相似。

（2）为单元格（区域）定义名称

使用函数对工作表中的某些内容进行修改时，经常用到单元格或单元格区域，为简化操作，Excel 允许对单元格或单元格区域命名，从而可以直接使用单元格或单元格区域的名称来规定操作对象的范围。

单元格或单元格区域命名是给工作表中某个单元格或单元格区域取一个名字，在以后的操作中涉及已被命名的单元格或单元格区域时，只要使用名字即可操作，不再需要进行单元格或单元格区域的选定操作。具体操作如下：

单击"公式"→"定义的名称"→"定义名称"按钮，弹出"新建名称"对话框；在"名称"文本框中输入要定义的名字，在"引用位置"文本框中输入要命名的单元格区域，在"范围"下拉列表中选择名称的应用范围，单击"确定"按钮即可；也可以在名称管理器中新建或删除名称。

（3）插入批注

选择需加批注的单元格，单击"审阅"→"批注"→"新建批注"按钮，弹出"单元格批注"框，输入选定单元格的批注内容。完成后，单元格右上角出现一个红色的单元格批注标志。也可选定单元格，右击并在快捷菜单中选择"插入批注"命令进行操作。删除批注与插入批注操作相似。

（4）清除功能的使用

如果需要清除单元格的内容，可以选定单元格，按"Delete"键即可。

如果需要清除单元格的格式或者批注等其他信息，可以单击"开始"功能选项卡"编辑"工具组中的"清除"按钮，在"全部清除"/"清除格式"/"清除内容"/"清除批注"选项中根据需要选择。

（5）"选择性粘贴"的使用

如果只需要复制或粘贴表格内容，用常用的复制及粘贴方法即可。

如果需要有选择地复制粘贴公式、批注、格式等，需要采用"选择性粘贴"功能。其操作步骤如下：

首先选定要复制单元格数据的区域，然后选定准备粘贴数据的区域，右击，在快捷菜单中选择"粘贴选项"中的"选择性粘贴"命令，可以选择粘贴图标，进行不同方式的粘贴；也可在弹出的"选择性粘贴"对话框中选择需要粘贴的方式。

提示："选择性粘贴"只能将用"复制"命令定义的数值、格式、公式或批注粘贴到当前选定的单元格区域中，对使用"剪切"命令定义的选定区域不起作用。

4. 工作表的格式化

在最初建立的工作表中输入数据时，所有的数据都使用默认的格式，如文字左对齐，数值右对齐，字体采用五号、宋体、黑色字等，这样的工作表一般不符合要求。因此，创建工作表后还需要对工作表进行格式化。

（1）设置单元格格式

打开设置单元格格式所用的"设置单元格格式"对话框，在"设置单元格格式"对话框中可以设置单元格的数字、对齐、字体和边框等格式。

①设置数值格式。在"设置单元格格式"对话框的"数字"选项卡的"分类"列表框中选择"数值"选项，在选项卡的右边可设置小数位数、选择负数的表示方法以及是否使用千位分隔符。另外，使用"开始"功能选项卡"数字"选项组中的"增加小数位数"按钮及"减少小数位数"按钮可调整数值的小数位数。

②设置货币格式。货币格式用于表示一般货币数值，常用的两种货币符号分别是"¥"和"$"，设置货币格式的方法与设置数值格式相同。在"设置单元格格式"对话框的"数字"选项卡的"分类"列表框中选择"货币"选项，然后设置保留小数位数位置、货币符号及负数的表示方式等即可。

③设置日期或时间格式。设置日期格式可以使日期以不同的形式显示出来，设置方法与设置"数值"和"货币"方法类似。在"设置单元格格式"对话框的"数字"选项卡的"分类"列表框中选择"日期"选项，然后设置日期的类型和所属区域即可。同样，可以通过列表框的时间选项设置时间格式。

④创建自定义格式。若 Excel 提供的数字格式不够用，可以创建自定义数字格式，如专门的会计或科学数值表示、电话号码、区号或其他必须以特定格式显示的数据等。在"设置单元格格式"对话框的"数字"选项卡的"分类"列表框中选择"自定义"选项，再选择一个最接近需要的自定义格式并进行修改即可。

（2）设置边框、背景及图案

①设置表格的边框。在工作表中给单元格加上不同的边框线，可以画出各种风格的表格。边框的设置有以下两种操作方法：

方法一：选定单元格区域，打开"设置单元格格式"对话框，选择"边框"选项卡，选择边框线条样式、颜色，设置边框的位置，单击"确定"按钮。

方法二：选定单元格区域，在"开始"功能选项卡的"字体"选项组中单击"下框线"按钮，弹出可供选择的边框类型，可从中选择线型、颜色等，根据需要添加、绘制边框。

②设置表格的背景及图案。在工作表中某些重要的数据需要突出显示或强调显示时，可以使用某种背景及图案。具体操作步骤如下：

选定需设置背景及图案的单元格区域，单击"开始"功能选项卡"字体"

工具组中的"填充颜色"按钮；或打开"设置单元格格式"对话框，选择"填充"选项卡，在"背景色"中选择需添加的背景颜色，在"图案颜色"和"图案样式"下拉列表中选择需要的图案颜色和样式即可。

（3）套用表格格式和单元格样式

系统设置了多种专业性的表格样式供选择，可以选择其中　种格式自动套用到选定的工作表单元格区域。通过"套用表格格式"，可以对表格起到快速美化的效果。其应用方法如下：

①单击"开始"功能选项卡"样式"工具组中的"套用表格格式"按钮，弹出"套用表格格式"下拉列表，选择一个合适的格式，即可打开"套用表格格式"对话框。

②选择要套用格式的单元格区域，单击"确定"按钮，将会为选择的数据区设置指定的表格样式。

③套用样式后的表格为筛选模式，单击"设计"功能选项卡中的"转换为区域"按钮，则可转换为普通的区域。

同样，系统也提供了多种类型的单元格样式，可以选定需要设置格式的单元格区域，使用"样式"工具组中的"单元格样式"按钮来快速设置合适的单元格格式。

（4）设置条件格式

对于 Excel 表格中的不同数据，可以按照不同的条件和要求设置它的显示格式，以便把不同的数据更加醒目地表示出来。在 Excel 2019 中除了应用突出显示单元格规则，还可以为单元格设置数据条、图标集等，让数据更加形象直观。

①设置数据条。条件格式中可以设置数据条，通过数据条的长短，醒目地表示数据的大小。首先选择数据区域，然后选择条件格式中的数据条，选择不同的填充效果。

②条件格式的编辑。选择"开始"功能选项卡"样式"工具中的"条件格式"按钮，从其下拉列表中选择"管理规则"命令，打开"条件格式规则管理器"对话框，选定规则，单击"编辑规则"按钮，可编辑指定的规则。

同样，利用"条件格式规则管理器"对话框可以新建规则或删除规则。

任务 2　设计与制作医院员工工资表

【任务学习目标】

知识目标：掌握在 Excel 工作表中数据的引用和公式的写法，能够灵活应用各种常用函数进行数据的运算和统计。

能力目标：使学生了解企业工资表的计算过程，了解个人所得税征收标准。

素养目标：提高学生解决问题的逻辑思维能力，激发深入思考、刻苦钻研的学习精神，养成踏实认真、严谨务实的工作作风。

【任务要求】

因公司人事制度的革新，×× 公司的薪资体系有重大变动。公司人力资源部门需要依据公司最新的薪资制度，用 Excel 重新设置一系列员工工资统计表格，其中包括员工加班统计表、员工工资表和工资统计表。

【任务分析】

设计工资表是财务及人力资源部门必不可少的工作之一，设计过程一般有以下几步。

1. 横向的设计

横向设计一般包括三部分。

第一部分为基本信息，包括序号、公司、部门、职位、姓名，还有薪点、出勤天数等。有的公司还有工号，工号的好处可避免姓名重复。

第二部分为应发工资对应的二级科目，包括基本工资、绩效工资、司龄工资、津贴补贴、计件工资、销售提成、加班工资、年休假补偿等。

第三部分为代扣代缴、实发工资。包括个税、养老、医疗、工伤、生育、失业保险、公积金、工会费等。

2. 纵向的设计

纵向设计包括序号、基本信息等的填写和合计。

序号填写要规范，基本信息的录入要完整准确。有多个子公司账户分别做工资表，或各部门分类做工资表时，最后还需要将它们合并（称为合计）。

3. 规范表式

规范表式包括考虑页面横向设置、字体及大小、小数点和打印需要等。

本任务根据实际需要，具体要求如下：

①在员工加班统计表中根据员工 4 周加班时长计算员工每月加班时长。

②在员工工资表中引用员工加班表计算加班费。

③将员工基本信息表中的身份证号引入员工工资表，并根据身份证号得出对应的年龄和性别。

④利用公式或函数设计并核算员工的应发工资、扣税和实发工资等。

⑤利用相关公式或函数制作工资统计表。

⑥美化表格。

【任务实施步骤】

1. 设计八月份加班统计表

（1）利用合并计算求出八月份加班时长

打开"八月份加班统计表"工作簿，其中有 5 个表。前 4 个表中分别存放着 4 周的加班时长，要求在第 5 个表"八月份加班统计表"加班时长列中统计出每个员工对应的 4 周总的加班时长。对两个以上相似表格的内容进行汇总可以采用"合并计算"的方法。具体操作如下：

①选择工作表"八月份加班统计表"的单元格区域"C5：C18"，单击"数据"功能选项卡"数据工具"工具组中的"合并计算"按钮，打开"合并计算"对话框。

②在"函数"下拉列表中选择"求和"。

③将光标置于"引用位置"文本框，单击"员工第一周加班统计表"工作表，选择该工作表的单元格区域"C5：C18"，单击"添加"按钮，将"员工第一周加班统计表"$C$5：$C$18 添加到"所有引用位置"列表中。

④同样，将其他周的加班时长也添加到"所有引用位置"列表中，单击"确定"按钮完成数据合并。

2. 利用 IF 函数计算八月份加班费

加班费的计算方法：每月加班 20 小时以下，每小时加班费为 50 元；若每月加班超过 20 小时，则超过 20 小时的时间每小时加班费为 60 元。可以看出加班费是根据加班时长分段计算的。这种根据条件不同，设定不同计算公式的工作，可以用 IF 函数实现。

IF 函数的功能：根据给定的条件进行判断，若条件是真，则返回第二个参数的值；否则返回第三个参数的值。

IF 函数的格式：

IF（Logical_test，Value_if_true，Value_if_false）

具体操作步骤如下：

①插入函数。选定要插入函数的单元格 D5，单击编辑栏旁边的 fx 图标，弹出"插入函数"对话框，在"或选择类别"下拉列表框中选择函数类型为"常用函数"，从"选择函数"列表框中选择要输入的函数 IF，单击"确定"按钮。

②在弹出的"函数参数"对话框中设置函数参数。

第一个参数 Logical_test：需要填写一个条件表达式。此处的判断条件为"C5 >=20"。

第二个参数 Value_if_true：当上面的条件成立的时候（条件为真），填写该函数所得到的结果。此处为"20*50+（C5-20）*60"。

·第三个参数 Value_if_false：当上面的条件不成立的时候（条件为假），填写该函数所得的结果。此处为"C5*50"。

D5 单元格编辑栏中写作"=IF（C5 >=20，20*50+（C5-20）*60，C5*50）"，单击"确定"按钮，插入函数成功，并在 D5 单元格显示出计算结果。

③选定 D5 单元格，向下拖动填充柄填充此公式至单元格 D18。

2. 设计员工工资表

（1）用 VLOOKUP 函数从员工信息表中查找姓名对应的身份证号

VLOOKUP 函数的功能是根据已知的参照值，在一定数据范围内查找与之对应的值。

VLOOKUP 函数格式：

VLOOKUP（Lookup_value，Table_array，Col_index_num，Range_lookup）

操作步骤如下：

①单击 C3 单元格，在"插入函数"对话框中插入函数 VLOOKUP，出现函数参数设置对话框。

②设置参数。

第一个参数 Lookup_value：已知参照值。此处是指员工的姓名所在单元格 B3。

第二个参数 Table_array：要查找的区域。在此区域里已知参照值必须是首列，而要查找的身份证号也必须在这个区域里，所以选定这段区域："[三福公司员工信息表.xlsx]三福公司员工信息表!$C$4：$I$63"。

第三个参数 Col_index_num：表示要查找的列在查找区域属于第几列。从查找区域首列"姓名"列开始计数，要查找的"身份证号"列在查找区域属 7 列，所以填"7"。

第四个参数 Range_lookup：表示匹配方式，此处采用精确匹配，填 false。

对应的 C3 单元格编辑栏内输入的公式："=VLOOKUP（B3，［三福公司员工信息表 .xlsx］三福公司员工信息表！$C$4：$I$63，7，false）"。

③单击"确定"按钮，函数插入成功。拖动填充柄填充公式至单元格 C16，"身份证号"列填充完成。

（2）用 MID、TEXT、TODAY、DATEDIF 函数根据身份证号求出员工的年龄

身份证号是公民的唯一信息编码。它由 18 位数字组成，包含了丰富的信息。按从左到右，1～6 位数字表示出生地编码；7～10 位数字表示出生年份；11、12 位数字表示出生月份；13、14 位数字表示出生日期；15、16 位数字表示出生顺序编号；17 位数字表示性别标号；18 位数字表示校验码，其中字母 X 用来代替数字 10。

怎么从一个人的身份证号得到他的年龄呢？首先从身份证号的 7～14 位获取此人的出生日期，然后用当前的日期减去出生日期，就可以得到年龄了。操作步骤如下：

①用 MID 函数截取出生日期。

MID 函数功能：从文本字符串中指定起始位置返回指定长度的字符。

MID 函数格式：

MID（Text，Start_num，Num_chars）

MID 函数参数说明如下：

·Text：要提取字符的文本字符串。

·Start_num：文本中要提取的第一个字符的位置。文本中第一个字符的 Start_num 为 1，以此类推。

·Num_chars：指定从文本中返回字符的个数。

本例需截取身份证号列中的出生日期，它们是从第 7 位开始长度为 8 的字符串，可写作"MID（C3，7，8）"。

②用 TEXT 函数将截取的字符串转换为日期格式。

TEXT 函数功能：将数值转换为按指定数字格式表示的文本。

TEXT 函数格式：

TEXT（Value，Format_text）

TEXT 函数参数说明如下：

·Value：数值、计算结果为数字值的公式，或对包含数字值的单元格的引用。

·Format_text：文本形式的数字格式。

日期格式写作 0000-00-00，表示如 1921-03-12 形式的日期。

也可写作 "0000 年 00 月 00 日"，表示如 "1921 年 03 月 12 日" 形式的日期。

本例将①中截取的字符串转换为日期格式，可写作：

TEXT（MID（C3，7，8），"0000-00-00"）

③用 TODAY 函数返回当前日期。

TODAY 函数功能：返回日期格式的当前日期，可写作 TODAY（）。

④用 DATEDIF 函数求当前日期和出生日期之间的年份差，从而求得年龄。

DATEDIF 函数功能：返回两个日期之间的年 / 月 / 日间隔数（DATEDIF 函数是 Excel 隐藏函数，其在帮助和插入函数里面没有，可从编辑栏输入）。

DATEDIF 函数格式：

DATEDIF（Start_date，End_date，Unit）

DATEDIF 函数参数说明如下：

·Start_date：它代表时间段内的第一个日期或起始日期（起始日期必须在 1900 年之后）。

·End_date：它代表时间段内的最后一个日期或结束日期。

·Unit：所需信息的返回类型。其中，Y 表示时间段中的整年数，M 表示时间段中的整月数，D 表示时间段中的天数。

此处求工龄，就是求当前的日期和出生日期的年份差。D3 中求工龄的整个函数式可写作：

DATEDIF（（TEXT（MID（C3，7，8），"0000-00-00"），TODAY（），"Y"）

⑤单击 D3 单元格，在编辑栏中输入上述公式，按 "Enter" 键，得到 D3 结果；拖动填充柄，填充年龄列。

（3）引用加班费到员工工资表

打开素材 "员工工资 .xlsx" 工作簿中的工作表 "员工工资表"。利用公式将员工加班统计表中的加班费引用到当前 "加班费" 列中。其操作步骤如下：

首先，单击加班费列的 G3 单元格，输入 "="，选择加班统计表加班费列对应的 D5 单元格，在员工工资表编辑栏中显示 "=［员工加班统计表 .xlsx］员工八月份加班统计! $D$5"，按 F4 键取消绝对引用，即将 *G3 编辑栏改为："=［员工加班统计表 .xlsx］员工八月份加班统计! D5"。

其次，按 Enter 键，加班费被引用到了员工工资表 G3 单元格中。

最后，拖动填充柄，填充下面的加班费。

（4）计算应发工资

应发工资的计算公式：

应发工资 = 基本工资 + 绩效奖金 + 加班费

操作方法：在应发工资 H3 栏中输入公式"=E3+F3+G3"，按 Enter 键，得到计算结果。然后向下填充公式计算每个人的应发工资。

（5）用 IF 函数计算扣税

2018 年 10 月 1 日起，我国实施最新个人所得税起征点和税率，起征点为每月 5000 元。具体的扣税计算方法如下：

应发工资 < 5000：扣税 =0；

5000 < 应发工资 < 8000：扣税 =（应发工资 –5000）× 3%；

8000 < 应发工资 < 17000：扣税 =（应发工资 –5000）× 10%–210；

应发工资 217000：扣税 =（应发工资 –5000）× 20%–1410。

需要 IF 中嵌套 IF 来实现多个条件的设定。其对应的单元格 I3 中应输入以下内容：

=IF（H3 < =5000，0，IF（H3 < =8000，（H3–5000）*0.03，IF（H3 < =17000，（H3–5000）*0.1–210，（H3–5000）*0.2–1410）））。

按 Enter 键插入函数，然后拖动填充柄向下填充即可。

（6）用公式求实发工资

实发工资的计算方法：

实发工资 = 应发工资 – 扣税

在实发工资对应的 J3 单元格中输入公式"=H3–I3"，则得到实发工资值，拖动填充柄向下填充即可。

（7）用 RANK 函数计算工资排名

RANK 函数的功能：返回指定数字在一列数字中的排位。

RANK 函数的格式：

RANK（Number，Ref，Order）

①单击 K3 单元格，在"插入函数"对话框中选择 RANK 函数（如果常用函数类别中没有，可以在全部函数中查找）。

②设置 RANK 函数的参数。

参数 Number 是需要排名的单元格，此处是实发工资中的 J3 单元格。

参数 Ref 为排名的范围（一般用绝对引用），此处是实发工资区域 J3：J16，因为在复制公式时此区域不变，所以必须采用绝对引用，可写作"$J$3：$J$16"。

参数 Order 为排名方式（0 或省略为降序，非 0 值为升序），排名次用降序，可省略，也可填 0。编辑栏中对应的内容："=RANK（J3，$J$3：$J$16）"。

（8）调整美化表格

将表格数据区域设置为会计专用数据格式：职工号中设置固定输入内容"GSF-"；标题行合并居中，设置合适的标题字体；表格套用"中等深浅 9"样式。

3. 设计工资统计表

在"员工工资 .xlsx"工作簿中插入新工作表，命名为"工资统计表"。在"工资统计表"中输入如下内容，设置相应的格式。

（1）在统计结果列，利用函数统计相应的数据

①用 SUM 函数求实发工资总值。

SUM 函数功能：返回单元格区域中所有数值的和。

SUM 函数格式：

SUM（number1，number2，…）

求实发工资总值，则可写作："=SUM（员工工资表 !J3：J16）"。

②求实发工资平均值用 AVERAGE 函数。

AVERAGE 函数功能：返回单元格区域中所有数值的平均值。

AVERAGE 函数格式：

AVERAGE（Number1，Number2，…）

求实发工资平均值则可写作："=AVERAGE（员工工资表 !J3：J16）"。

③用 MAX 函数求实发工资最高值。

MAX 函数功能：返回单元格区域中所有数值的最大值。

MAX 函数格式：

MAX（Number1，Number2，…）

求实发工资最高值可写作："=MAX（员工工资表 !J3：J16）"。

④用 MIN 函数求实发工资最低值。

MIN 函数功能：返回单元格区域中所有数值的最小值。

MIN 函数格式：

MIN（Number1，Number2，…）

求实发工资最低值可写作："=MIN（员工工资表 !J3：J16）"。

⑤用 COUNTIF 函数求满足条件的人数。

COUNTIF 函数功能：计算某个区域中满足给定条件的单元格数目。

COUNTIF 函数格式：

COUNTIF（Range，Criteria）

COUNTIF 函数参数说明如下：

·Range：要统计的区域。

·Criteria：需满足的条件。

统计"实发工资＞10000 的人数"时，统计的区域为员工工资表实发工资区域，即"员工工资表 !J3：J16"，条件为"＞=10000"。编辑栏公式写作："=COUNTIF（员工工资表 !J3：J16，"＞=10000"）"。

统计"8000 ≤实发工资＜10000 的人数"时，可以用大于 8000 的人数减去大于 10000 的人数，公式可写作："=COUNTIF（员工工资表 !J3：J16，"＞=8000"）-COUNTIF（员工工资表 !J3：J16."＞=10000"）"。

统计"实发工资＜8000 的人数"可写作 "=COUNTIF（员工工资表 !J3：J16，"<8000"）"。

⑥用 COUNTA 函数求工资表总人数。

COUNTA 函数功能：计算参数中包含非空的单元格个数。

COUNTA 函数格式：

COUNTA（Value1，Value2，…）

统计总人数可写作："=COUNTA（员工工资表 !B3：B16）"。

⑦用 SUMIF 函数统计年龄大于 40 岁的总实发工资。

SUMIF 函数功能：根据指定条件对若干单元格区域求和。

SUMIF 函数格式：

SUMIF（Range，Criteria，Sum_range）

SUMIF 函数参数说明如下：

·Range：求和的条件区域，用于条件判断的单元格区域。

·Criteria：求和条件，由数字、逻辑表达式等组成的判定条件。

·Sum_range：实际需要求和的单元格区域。当省略时条件区域就是实际求和区域。

求年龄大于 40 岁的实发工资之和时，条件区域为员工工资表的年龄区域"员工工资表! D3：D16"，条件为"＞=40"。求和区域为实发工资区域 "员工工资表 !J3：J16"。编辑栏公式写作："=SUMIF（员工工资表 !D3：D16."＞=40"，员工工资表 !J3：J16）"。

⑧用 SUMIFS 函数统计年龄在 40 岁以上且基本工资小于 6000 的总实发工资。

SUMIFS 函数功能：根据多个条件对单元格区域求和。

SUMIFS 函数格式：

SUMIFS（Sum_range，Criteria_range1，Criteria1，[Criteria_range2，Criteria2]，…）

SUMIFS 函数参数说明如下：

·Sum_range：实际需要求和的区域。

·Criteria_range1：第一个条件区域。

·Criteria1：条件 1。

·Criteria_range2：第二个条件区域。

·Criteria2：条件 2。

其中 Criteria_range 和 Criteria 成对出现，最多可达 127 对。

求年龄在 40 岁以上且基本工资小于 6000 的总实发工资时有两个条件：一是年龄要大于 40，二是实发工资要小于 6000。编辑栏中的公式写作："=SUMIFS（员工工资表!J3：J16，员工工资表! D3：D16，" > =40"，员工工资表! E3：E16，"V6000"）"。

【相关知识】

1. 引用单元格

Excel 公式的计算过程需要指明单元格的区域，即引用单元格。所以在公式中经常需要引用单元格。例如，在单元格 E1 中输入公式 "=A1+B1+C1"，则 E1 中存放 A1、B1、C1 三个单元格的数据之和。

（1）单元格地址的引用格式

在公式中可以引用本工作簿或其他工作簿中任何单元格区域的数据。单元格地址的引用格式：[工作簿名]工作表名! 单元格地址。

说明：当引用当前工作簿或工作表中的数据时，相应项可省略。例如，引用当前工作簿 book1 当前工作表 Sheet1 中的单元格区域 C3：C9，可写作 "[book1]Sheet1!C3：C9"，也可写作 "Sheet1!03：09"，还可写作 "C3：C9"。

（2）引用的类型

Excel 提供三种不同的引用类型：相对引用、绝对引用和混合引用（可用 F4 键切换三种类型）。在实际应用中，要根据数据的关系决定采用哪种引用类型。

①相对引用：直接引用单元格区域名，不需要加 "$" 符号。例如，公式 "=A1+B1+C1" 中 A1、B1、C1 都是相对引用。使用相对引用后，系统记住建立公式的单元格和被引用单元格的相对位置。复制公式时，新的公式单元格和被引用的单元格之间仍保持这种相对位置关系。

②绝对引用：绝对引用的单元格名中，列标、行号前都有"$"符号。例如，上述公式改为绝对引用后，单元格中输入的公式应为"=$A$1+$B$1+$C$1"。使用绝对引用后，被引用的单元格与引用公式所在单元格之间的位置关系是绝对的。这个公式复制到任何单元格，公式所引用的单元格都不变，因而引用的数据也不变。

③混合引用：混合引用有两种情况，若在列标（字母）前有"$"符号，而行号（数字）前没有"$"符号，被引用的单元格列的位置是绝对的，行的位置是相对的；反之，列的位置是相对的，行的位置是绝对的。例如，$A1 是列绝对、行相对，A$1 是列相对、行绝对。

2. 公式的应用

公式是进行计算和分析的等式，可以对数据进行加、减、乘、除等运算，也可以对文本进行比较。公式可以在单元格中直接录入，也可以在编辑栏中录入，公式中使用的运算符必须是英文半角。

（1）公式的组成

在 Excel 中，公式通常以"="开头，由数据、运算符、单元格引用、函数等组成。其中，单元格引用可以得到其他单元格数据计算后得到的值，如公式"=E2+F2+G2+H2-12"。

注意：输入公式后，在编辑栏中显示输入的公式，在活动单元格中显示公式的计算结果。

（2）公式中的运算符

运算符一般有算术运算符、比较运算符、文本运算符和引用运算符。

①算术运算符。算术运算符包括加（+）、减（-）、乘（*）、除（/）、幂（^）、负号（-）、百分号（%）等，算术运算符连接数字并产生计算结果。例如，公式"=30^2*20%"是先分别求 30 的平方、20%，然后再两者相乘，公式的值是 180。

②比较运算符。比较运算符用于比较两个数值的大小并返回逻辑值 True（真）和 False（假）。比较运算符包括"等于"（=）、"大于"（>）、"小于"（<）、"大于等于"（>=）、"小于等于"（<=）、"不等于"（<>）。例如，若单元格 A1 中的数值为 20，则公式"=A1 < 25"的逻辑值是 True。

③文本运算符。文本运算符"&"将多个文本（字符串）连接成一个连续的字符串（组合文本）。例如，设单元格 A1 中的文字为"青岛市"，则公式=""山东省"&A1"的值为"山东省青岛市"。

④引用运算符。引用运算符可以将单元格区域合并运算，包括冒号（：）、逗号（，）和空格。

冒号（：）是区域运算符，可对两个引用之间（包括这两个引用在内）的所有单元格进行引用。例如，A1：H1 是引用从 A1 到 H1 的所有单元格。

逗号（，）是联合运算符，可将多个引用合并为一个引用。例如，SUM（A1：H1，B2：F2）是将 A1：H1 和 B2：F2 两个单元格区域合并为一个。

空格是交叉运算符，可产生同时属于两个引用的单元格区域的引用（交集）。例如，SUM（A1：H1 B1：B4）只有 B1 单元格同时属于两个引用 A1：H1 和 B1：B4。

⑤运算符的运算顺序（优先级）。如果一个公式中含有多个运算符号，其执行的先后顺序如下：冒号（：）→逗号（，）→空格→负号百分号→幂→乘或除→加或减→比较。括号可以改变运算的先后顺序。

3. 函数的应用

函数是 Excel 内部已经定义的公式，对指定的值区域执行运算。Excel 提供的函数包括数学与三角、时间与日期、财务、统计、查找和引用、数据库、文本、逻辑和信息等，它为数据运算和分析带来了极大的方便。

（1）函数语法

函数由函数名和参数组成。函数名通常以大写字母形式出现，用以描述函数的功能。参数是数字、单元格引用、工作表名字或函数计算所需要的其他信息。其格式：函数名（参数列表）。例如，SUM（A1：A10）是一个求和函数，SUM 是函数名，A1：A10 是函数的参数。

函数的语法规定：

①函数与公式一样必须以"="开头，例如"=SUM（A1：A10）"。

②函数的参数用圆括号"（）"括起来。其中，左括号必须紧跟在函数名后，否则出现错误信息。个别函数如 PI（）等虽然没有参数，也必须在函数名之后加上空括号，如"=A2*PI（）"。

③函数的参数多于一个时，要用"，"号分隔。参数可以是数值、有数值的单元格或单元格区域、单元格名称，也可以是一个表达式或函数。例如"=SUM（SIN（A3*PI（），2*COSCA5*PI（）），B6：B6，D6）"，参数是文本时要用英文的双引号括起来。

（2）函数的输入方法

①插入函数。

首先，选定要输入函数的单元格，选择"公式"功能选项卡"函数库"工具组中的"插入函数"选项或按快捷键"Shift+F3"，弹出"插入函数"对话框。

其次，在"或选择类别"下拉列表框中选择函数类型，如"常用函数"。

然后，从"选择函数"列表框中选择要输入的函数，单击"确定"按钮，弹出"函数参数"对话框（以 SUM 函数为例），在参数框中输入数据或单元格引用时，可单击参数框右侧的"折叠对话框"按钮，暂时折叠起对话框。在工作表中选择单元格区域后，单击折叠后的输入框右侧按钮，即可恢复参数输入对话框。

最后，输入函数的参数，单击"确定"按钮，即可在选定的单元格中插入函数并显示结果。

②使用函数选项板。可以用函数选项板输入函数。输入"="后，函数选项板即可打开（在原名称框的位置）。

③直接输入函数。选定单元格，直接输入函数，按 Enter 键得出函数结果。函数输入后，如果需要修改，可以在编辑栏中直接修改，也可以用"插入函数"按钮进入参数设置界面进行修改。

任务3 设计与制作药品销量统计分析表

【任务学习目标】

知识目标：掌握排序、筛选、分类汇总、数据透视等数据分析方法，能够熟练利用 Excel 软件对数据进行统计和分析。

能力目标：培养学生认真严谨的学习态度，提高理性的逻辑思维和分析能力；同时还使学生认识到 Excel 软件处理数据的便利与强大功能，从而激发学生的学习热情。

素养目标：数据的统计分析是从事营销以及企业管理中的日常工作之一，要提高学生对数字的敏感度和精准度，为企业制订规划方案提供可靠的数据支撑。

【任务要求】

××公司销售部要对 2018 年药品销量进行统计分析。要求详细分析不同类型、不同经销商每个季度销售额以及利润的变化，从而得到更有针对性、有价值的分析结果，给企业领导提供正确有效的决策依据。

【任务分析】

Excel 不仅具有数据计算能力，还具有数据管理功能，特别在数据分析方面更加便捷高效，所以可以利用 Excel 软件中的排序、筛选和分类汇总以及数据透视表等数据管理工具来完成，具体要求如下：

①采用排序工具，根据给定的排序依据，对数据进行排序。

②采用自动筛选工具，根据给定的条件，筛选出需要的结果。

③采用高级筛选工具，设置较复杂的条件，筛选出需要的结果。

④采用分类汇总工具，根据需要分类汇总数据。

⑤采用数据透视工具，对数据进行交叉分析，得到需要的结果。

【任务实施步骤】

1. 创建统计表

①新建 Excel 文件，保存为"2018 年药品销量统计表 .xlsx"。

②单击"数据"功能选项卡"获取和转换数据"工具组中的"获取数据"按钮，选择"自数据库"栏的"从 Microsoft Access 数据库"，将文件"2018 年药品销量统计 .accdb"导入导航器，并在导航器中选择"2018 年药品销量统计表"，单击"加载"按钮，将表中的数据加载到当前工作表中。

③将当前工作表重命名为"素材"。在其后依次新建排序工作表、筛选工作表、分类汇总工作表和数据透视表，用于存放相应数据分析结果。

2. 对相关数据排序

（1）按照"利润"列升序排列

这种只按照一列进行的排序称为单列排序，具体操作如下：

①单击利润列数据区域中的任意单元格。

②单击"数据"功能选项卡"排序和筛选"工具组的"排序"按钮，即可得到需要的排序结果，将它们复制到排序工作表的合适位置。

（2）按照"利润"列降序排列，"利润"列数据相同的再按"销量"降序排列

这种按两列或两列以上进行的排序称为多列排序，具体操作如下：

①单击利润列数据区域任意单元格。

②单击"数据"功能选项卡"排序和筛选"工具组中的"排序"按钮，打开"排序"对话框。

③在"主要关键字"下拉列表中选择"利润"选项，在"排序依据"下拉

列表中选择"单元格值"选项，排列次序为"降序"。

④单击"排序"对话框中的"添加条件"按钮，添加第二个条件。在"次要关键字"中选择"销量"，在"排序依据"中选择"单元格值"，排序次序设置为"降序"。

⑤单击"确定"按钮，排序完成。将排序结果复制到排序工作表的合适位置。

（3）按照药品的笔画顺序升序排列

排序依据可以按照默认字母顺序，也可以按照汉字的笔画顺序进行排序，具体操作如下：

①选择药品种类列数据区域的任意单元格，并打开"排序"对话框。

②在"主要关键字"下拉列表中选择"药品种类"选项，在"排序依据"下拉列表中选择"单元格值"选项。单击"选项"按钮，在弹出的对话框中选择"笔画排序"。

③单击"确定"按钮，返回"排序"对话框，在"次序"下拉列表中选择"升序"选项，确定即可。

3.对数据进行筛选

（1）利用"自动筛选"命令筛选出青岛分公司的记录

自动筛选是以表格中的某几列（字段）的值为依据进行筛选的，具体操作如下：

①单击数据区域的任意单元格，单击"数据"功能选项卡"排序和筛选"工具组中的"筛选"按钮，进入筛选状态，在数据区域首行每个标题的右侧显示一个筛选按钮。

②单击"分公司名称"右侧的筛选按钮，打开筛选列表。取消选中"全选"复选框，选中"青岛分公司"复选框，单击"确定"按钮，得到筛选结果。将筛选结果复制到筛选工作表的合适位置。

（2）利用"自动筛选"命令筛选销量前3名的记录

除了对文本的筛选，在 Excel 中还可以对数值或日期进行筛选，具体操作如下：

①单击"数据"功能选项卡"排序和筛选"工具组中的"清除"按钮，清除上面的筛选。

②单击"销量"筛选按钮，在弹出的菜单中选择"数字筛选"→"前10项"命令，进入参数设置对话框后，将数值设为3即可。

（3）利用"自动筛选"命令筛选药品种类为"开博通"或者"安内真"且销量在30000以上的记录

需要同时满足多个字段的条件时，可以使用多字段筛选，具体操作如下：

①单击"清除"按钮，清除上面的筛选。

②单击"汽车品牌"列筛选按钮，选择"开博通"和"安内真"。

③单击"销量"列筛选按钮，选择"数字筛选"的"大于"选项，设置参数为30000即可。

（4）利用"高级筛选"命令筛选出汽车品牌为"开博通"，且年度销量在30000以上的记录

高级筛选可依据多个字段进行复杂的筛选，筛选的条件（条件区域）放在数据区域之外，条件区域与数据区域至少要留一个空行（列）。高级筛选可以将符合条件的数据复制到另一个工作表或当前工作表的其他空白位置上，具体操作如下：

①单击"数据"功能选项卡"排序和筛选"工具组中的"筛选"按钮，取消自动筛选。

②创建条件区域。要筛选出汽车品牌为"开博通"且年度销量在30000以上的记录，需要创建条件区域。

③单击数据区域中的任意单元格，然后单击"数据"功能选项卡"排序和筛选"工具组中的"高级"按钮，打开"高级筛选"对话框，在列表区域中选择原数据区域；在"条件区域"中选择之前定义的条件区域。

④单击"确定"按钮，即可筛选出满足条件的数据。将筛选结果复制到筛选工作表中。

（5）利用"高级筛选"命令筛选出药品种类为"开博通"且销量在30000以上的记录，或者药品种类为"开博通"且利润大于等于50000的记录

①设置条件区域：此条件既有"与"的关系又有"或"的关系，要注意"与"的条件放在同一行中，"或"的条件放在不同行中。

②对原数据进行高级筛选，将筛选结果复制到筛选工作表中的合适位置。

4.对数据进行分类汇总

（1）以分公司名称为单位，汇总各分公司利润总和

①将数据区域按"分公司名称"字段进行排序。

②单击数据区域中的任意单元格。单击"数据"功能选项卡"分级显示"工具组中的"分类汇总"按钮，打开"分类汇总"对话框。

③在"分类汇总"对话框的"分类字段"下拉列表中选择"分公司名称"，在"汇总方式"下拉列表中选择"求和"，在"选定汇总项"列表中选择"利润"。

④单击"确定"按钮，得到分类汇总结果，然后将其复制到分类汇总工作表中。

（2）以季度为单位，汇总利润平均值

①打开"分类汇总"对话框，单击"全部删除"按钮，删除前面的分类汇总。

②将数据区域按"季度"字段进行排序。

③单击数据区域中的任意单元格；打开"分类汇总"对话框，在"分类字段"下拉列表中选择"季度"，在"汇总方式"下拉列表中选择"平均值"，在"选定汇总项"列表中选择"利润"。

④将得到的汇总结果复制到分类汇总工作表中，并在素材表中删除汇总。

5. 制作数据透视表

制作各分公司各汽车品牌四个季度的销量数据透视表，具体操作如下：

①单击数据区域中的任意单元格，单击"插入"功能选项卡"表格"工具组中的"数据透视表"按钮，打开"创建数据透视表"对话框。默认情况下，数据透视表会被创建在一个新工作表中，此处选择"现有工作表"并在"位置"文本框中指定名为"数据透视"工作表的 A1 单元格，将数据透视表建在现有的"数据透视"工作表中。

②单击"确定"按钮，即可创建一个空白的数据透视表，并在窗口的右侧自动显示"数据透视表字段"窗格。

③在"数据透视表字段"窗格中将字段名称拖动到合适的区域，其中，将"汽车品牌"列拖到"筛选"中，将"季度"列拖到"列"中，将"分公司名称"列拖到"行"中，将"销量"列拖到"值"中，即可得到所需的数据透视表。

④单击数据透视表，激活"数据透视表工具"，选择"设计"功能选项卡的"数据透视表样式"工具组中的样式，应用数据透视表样式"浅色9"，并镶边行和列。

【相关知识】

1. 什么是数据清单

Excel 中的数据文件一般称为数据清单，又称为记录单。数据清单的格式要求：表格的第一行是列标题（字段名），除第一行之外的其他各行是描述一个人或事物相关信息的，称为一个记录；每一列具有相同的数据项，称为字段。

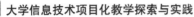

一个数据清单中不能有空行或空列存在。要进行数据管理工作的工作表，必须符合数据清单的要求。

2. 正确设置高级筛选

高级筛选可依据多个字段进行复杂的筛选，筛选的条件区域放在数据区域之外，条件区域与数据区域至少要留一个空行（列）。高级筛选可以将符合条件的数据复制到另一个工作表或当前工作表的其他空白位置上。要正确使用高级筛选，必须遵循以下几条原则：

①使用高级筛选时，必须在工作表中建立一个条件区域，输入各条件的字段名和条件值。条件区由一个字段名行和若干条件行组成，可以放置在工作表的任何空白位置，但必须与数据区隔开最少一行或一列，以防止条件区的内容受到数据表插入或删除记录行的影响。

②从条件区第二行开始是条件行，用于存放条件。如果条件位于同一行的不同列中，则表示条件为"与"的逻辑关系，即其中所有条件都满足才算符合条件；如果条件位于不同行单元格中，则表示条件为"或"的逻辑关系，即满足其中任何一个条件就算符合条件。

3. 对数据进行分类汇总

分类汇总是指按类别分开数据，然后以某种指定的方式对每一类数据进行统计，这样就可以得到不同类别的数据统计信息，并快速生成有意义的数据报表。要得到正确的分类汇总数据，原数据区域需要满足以下几个条件：

①每列都有列标题。

②每列都包含类型相同的数据。

③数据区域是一个连续的普通区域，其中不包含空行或空列，也不是被筛选的区域。

④分类汇总前必须先对要分类的列进行排序，否则无法得到正确的结果。

如果需要得到更详细的汇总数据，可以分别对两类以上的数据进行汇总。例如，在统计出各班同学总分的基础上，再分别统计出各班中男女生的总分。因为要对两列数据进行分类（"班级"和"性别"），因此，需要先对这两列数据进行排序（多列排序，"班级"是主要关键字，"性别"是次要关键字），然后再进行分类汇总。

4. 应用数据透视表

（1）什么是数据透视表

在进行比较复杂的综合数据分析时，常常借助数据透视表。它是一种交互的、交叉制表的 Excel 报表，用于对数据进行汇总和分析。它是集排序、筛选、分类汇总及合并计算为一体的综合性数据分析工具。

在设计数据透视表时，用户可以旋转数据表的行或列，对数据源的不同汇总情况进行查看。在需要汇总大量数据并对每种数据进行多层次比较时，数据透视表会给用户带来极大的方便。

数据透视表的数据源可以是 Excel 数据表或表格，也可以是外部数据表和 Internet 上的数据源，还可以是经过合并计算的多个数据区域以及另一个数据透视表。

（2）数据透视表的结构

一个数据透视表通常分为 4 个部分。

①筛选：该区域位于数据透视表的顶部，主要用于对数据透视表进行整体数据的筛选。在报表筛选区中主要放置一些要重点统计的数据类别。

②行：该区域位于数据透视表的左侧，包括具有水平方向的字段。行标签区中的标题可以有多个层次，它们的关系类似于父文件夹和子文件夹。在行标签区中主要放置一些可用于进行分组或分类的内容。

③列：该区域位于数据透视表中各列的顶端，包括具有列方向的字段。与行标签区类似，列标签区中的标题也可以有多个层次。在列标签区中主要放置一些随时间变化的内容。

④值：除了前面的三个区域之外，剩下的区域就是数值区。数值区主要用于显示明细数据，并进行各种不同类型的统计工作。

（3）改变数据透视表的布局

数据透视表的报表结构可以根据需要随时改变，从而得到不同的汇总结果，这也是数据透视表的魅力所在。

在创建数据透视表时，除了在"数据透视表字段列表"窗格中选择要出现在数据透视表中的字段名外，也可以拖动字段名到下方的 4 个区域列表框中，每个区域列表框都可以包含多个字段，但要注意先后顺序，因为先后顺序会影响数据透视表的显示结果。另外，字段也可以在 4 个区域列表框中任意拖动，以改变显示布局。

（4）设置数据透视表中的数据汇总方式

在默认创建的数据透视表中，数据汇总方式为求和，可以根据实际需要改变汇总方式。例如，可能需要统计出每个产品的平均数量。其实现方式：右击该列中包含数据的任意一个单元格，在弹出的快捷菜单中选择"值汇总依据"→"平均值"命令。

项目小结

在本项目中，通过设计员工信息表可以掌握各种类型的数据输入、设置数据验证、设置单元格格式、设置打印等一系列设计工作表的基本操作；通过设计员工工资表进一步学会在 Excel 中如何准确地应用公式和各种常用的函数来进行数据计算与统计；通过设计制作汽车销量数据统计分析表学习了应用排序、筛选、分类汇总和数据透视表等常用的数据管理方法来统计分析数据。完成这 3 个任务后，已经基本掌握了 Excel 软件的常用操作。在今后的学习工作中，大家可以根据实际需要丰富自己的 Excel 操作技巧，熟练灵活地利用好这一数据库工具软件。

第四节　项目：PowerPoint 2019 演示文稿

项目导读

PowerPoint 是目前最常用的演示文稿制作软件，是学术交流、产品展示、工作汇报等的重要工具。它以幻灯片的格式输入和编辑文本、表格、剪贴画、图片、艺术字及图表等对象。为加强演示的炫丽动态效果，还可以在幻灯片中加上动画、特技、音频或视频剪辑等多媒体元素。这种演示文稿既能以幻灯片的形式在计算机屏幕上演示，通过投影仪在大屏幕上放映，还可以将演示文稿打印出来，制作成胶片，应用于更广泛的领域。

PowerPoint 2019 是 Microsoft Office 2019 办公自动化软件的组件之一，其新增功能主要有：附带平滑切换功能，有助于在幻灯片上制作流畅的动画；使演示文稿更具动态性并允许进行自定义导航，自带缩放定位功能。

项目学习目标

· 设计演示文稿母版。
· 编辑演示文稿内容。
· 设计演示文稿的动画和交互功能。

项目职业能力要求

· 熟悉 PowerPoint 软件的操作技能。
· 能够进行演示文稿编辑和美化，对演示文稿进行交互设计。

·具有一定的文学素养和写作能力，能够用简洁清晰的语言描述任务实施步骤和内容。

·具有良好的自主学习能力，在工作中能够灵活利用互联网查找信息并解决实际问题。

📖 项目实施

为了弘扬爱国精神、激发青年学生爱国热情，引导当代大学生树立正确的人生观、价值观，某学院要求每个班级组织一场以"纪念五四运动、弘扬五四精神"为主题的班会。学院团支书接到要制作一个主题班会的汇报文稿任务。

本项目通过制作一个"纪念五四运动、弘扬五四精神"的主题班会 PPT 任务，系统介绍了演示文稿的制作流程和 PowerPoint 2019 在学习、工作和生活中的实际应用。

任务 1　设计五四精神主题班会 PPT 母版

【任务学习目标】

知识目标：了解幻灯片母版设置，设置各个幻灯片版式的呈现样式。

能力目标：掌握使用 PowerPoint 编辑制作演示文稿的方法和技巧。培养学生认真严谨的学习态度和对问题的整体掌控能力，同时处理解决问题要掌握一定的技巧与美感。

素养目标：通过"纪念五四运动、弘扬五四精神"演示文稿内容的组织与编辑，培养青年大学生的五四精神和爱国情怀，帮助当代大学生树立正确的人生观、价值观。

【任务要求】

文字、图表和背景颜色的强烈反差在传达信息和情感方面均非常有效；切忌背景零乱，两者色调相近，避免造成看不清文字和图像的情况。

【任务分析】

一份好的演示文稿，不仅需要内容充实，外表和整体效果也很重要。一个看起来舒适的背景图片，一个风格恰当的主题样式，都会让你的 PPT 更加赏心悦目。我们既可以使用 PowerPoint 2019 自带的主题样式，也可以利用母版等工具自己设计 PPT 的样式风格。

利用母版的整体样式设计，可以简化幻灯片的制作过程，尤其是一些重复的操作，进行一次设置就可以应用到多个幻灯片中。要制作的这个纪念五四运动主题班会的 PPT，比较适合使用风格统一的背景效果，所以使用幻灯片母版能够节约时间，统一演示文稿风格。

【任务实施步骤】

1. 新建演示文稿，打开幻灯片母版

①启动 PowerPoint 2019 软件，新建一个空白演示文稿并保存，命名为"纪念五四运动主题班会 .ppt"。

②单击"视图"功能选项卡，找到母版视图，选择幻灯片母版，单击即可进入幻灯片母版编辑界面。

2. 设置幻灯片母版的背景

①单击左侧 Office 主题幻灯片母版，在"背景"功能选项卡中单击"背景样式"，在"背景样式"下拉列表中选择设置背景样式。

②选择右边设置背景格式面板下的"图片或纹理填充"，单击"插入"功能选项卡中的"图片"按钮，从文件中选择素材"bg.png"，设置透明度为"80%"。

③单击"插入"功能选项卡中的"图片"按钮，选择学院 logo 图片"sdwm.png"，调整图片到合适的位置。

3. 设置标题幻灯片版式

①单击左侧标题幻灯片版式，调整该版式背景样式中背景图片的透明度为70%。

②插入图片素材"flag.png"，调整大小及其位置至文档左上角。单击"校正"选项卡，"亮度"设为"+20%"，"对比度"设为"+40%"。

③插入图片素材"bottom.png"。移动图片到文档底部，调整宽度与文档一样宽。

④插入图片素材"zhu.png"，调整其大小及位置，在"图片工具"→"格式"功能选项卡下单击"下移一层"按钮，使该图片底部在 bottom 图片下方。

4. 设置目录幻灯片版式

①单击编辑母版面板中插入的版式，在新版式上右击，将其重命名为"目录幻灯片"。

②调整该版式背景样式中背景图片的透明度为"70%"。

③删掉所有的占位符，插入素材图片 bottom.png，调整其大小和位置。

④插入素材图片"zhu.png"，调整其大小及位置。在"图片工具"→"格式"

功能选项卡下单击"排列"工具组中的"旋转"按钮，选择"水平翻转"命令；单击"下移一层"按钮，使该图片底部在 bottom 图片下方。

5. 设置节标题幻灯片版式

①选中左侧节标题版式，重复步骤 4 中的②～④步。

②插入素材图片"logo.png"，调整其大小和位置。

6. 设置仅标题幻灯片版式

①在底部插入素材图片"bottom2.jpg"，调整图片的大小和位置。

②在幻灯片上方插入形状中的矩形，设置矩形高度为"0.25 厘米"，宽度和幻灯片一样宽，设置颜色为深红色，将其移动到合适的位置。

③插入素材图片"logo.png"，调整其大小及位置。

④调整该文档标题占位符的大小，设置标题字体为"微软雅黑、40 磅、加粗、深红色"。

7. 保存

在"幻灯片母版"功能选项卡下单击"关闭母版视图"按钮，退出母版的编辑。

【相关知识】

1. 基本名词

（1）幻灯片

幻灯片就是半透明的胶片，上面印有需要演讲的内容，它借助一些投影设备放映出来。在 PowerPoint 中以幻灯片为单位编辑演示文稿。

（2）演示文稿

演示文稿是由 PowerPoint 创建的以扩展名 .pptx 保存的文件。一个演示文稿中包含为某一演示目的而制作的所有幻灯片、演讲者备注和旁白等内容。每一张幻灯片在演示文稿中既相互独立又相互联系。

（3）版式

幻灯片版式包含要在幻灯片上显示的全部内容的格式设置、位置和占位符，主要包含幻灯片上的标题和副标题文本、列表、图片、表格、图表、形状和视频、音频等元素的排列方式。版式也包含幻灯片的主题颜色、字体、效果和背景。演示文稿中的每一张幻灯片都是基于某种自动版式创建的，但创建一张新幻灯片时也可以从 PowerPoint 2019 提供的自动版式中选择一种，每种版式预定义了新幻灯片中各种占位符的布局情况。

（4）幻灯片母版

幻灯片母版是存储有关设计模板信息的幻灯片。幻灯片母版中的信息包括字形、占位符大小和位置、背景设计和配色方案等。通过更改这些信息，就可以更改整个演示文稿的外观。

PowerPoint 2019 包含三个母版视图，分别是幻灯片母版视图、讲义母版视图和备注母版视图。设置幻灯片风格时，可以在幻灯片母版视图中进行设置；需要将演示文稿以讲义形式打印输出时，可以在讲义母版中进行设置；需要在演示文稿中插入备注内容时，则可以在备注母版中进行设置。

2. PowerPoint 2019 的操作界面

PowerPoint 2019 的操作界面除了菜单栏及菜单对应的各种面板之外，还包括幻灯片选项卡、幻灯片窗格和备注窗格。

3. PowerPoint 2019 中的视图

PowerPoint 2019 提供了 6 种视图，它们各有不同的用途。可以在窗口右下方找到普通视图、幻灯片浏览视图、幻灯片放映视图和阅读视图这 4 种主要视图按钮，单击它们可以在 4 种视图之间切换。另外，还有母版视图和演示者视图。

（1）普通视图

普通视图是最主要的编辑视图，可用于编辑和设计演示文稿。它有 3 个工作区域，即"幻灯片"功能选项卡、"幻灯片"窗格和"备注"窗格。通过拖动边框可调整功能选项卡窗格的大小，也可关闭选项卡。"幻灯片"功能选项卡可显示幻灯片的缩略图，能够快速地浏览幻灯片内容，也可以方便地调整幻灯片的顺序。

（2）幻灯片浏览视图

幻灯片浏览视图可以同时显示演示文稿中所有幻灯片的缩略图。在创建演示文稿或准备打印演示文稿时，可以轻松地对幻灯片的顺序进行排列和组织。此外，还可以在幻灯片浏览视图中添加节，并按不同的类别或节进行排序。

（3）幻灯片放映视图

在创建演示文稿的过程中，可以随时单击"幻灯片放映"按钮启动幻灯片放映来浏览演示文稿，按 Esc 键可以退出放映视图。在放映演示文稿时，每张幻灯片视图都会占据整个计算机屏幕，观众可以看到演示文稿的内容、图形、电影、动画效果等。

（4）阅读视图

使用阅读视图可以像放映视图一样看到演示文稿的放映效果。如要更改演示文稿，可随时从阅读视图切换至其他视图。

4. 创建演示文稿

（1）新建演示文稿

启动 PowerPoint 2019 后，此时，可以创建空白演示文稿，也可以创建不同主题和模板的演示文稿。下方显示最近打开或访问过的演示文稿列表。

单击"空白演示文稿"图标，进入界面。我们可以创建个性化的、不受模板风格限制的演示文稿。

（2）插入幻灯片

单击"开始"→"幻灯片"→"新建幻灯片"按钮，插入一张新的幻灯片；也可以在"幻灯片"工具组中右击并新建幻灯片。插入新建幻灯片的同时可以选择所需的幻灯片版式。

幻灯片版式是 PowerPoint 软件中常规排版的格式，通过幻灯片版式的应用可以对文字、图片等进行布局，软件已经内置几个版式类型供使用，利用版式可以轻松完成幻灯片制作。

在普通视图方式下选择要改变的幻灯片，单击"幻灯片"工具组中的"版式"按钮，打开"幻灯片版式"下拉列表，选择需要的版式可更改幻灯片版式。

5. 编辑演示文稿

演示文稿的编辑是指演示文稿中幻灯片的插入、复制、删除、改变版式、修改主题样式格式和更改背景等操作。

（1）选择幻灯片

首先选中幻灯片，然后再对其进行相关的操作。幻灯片的选择一般有三种形式：

①选择单张幻灯片：在幻灯片浏览视图或普通视图方式下，单击所需幻灯片。

②选择连续的多张幻灯片：在幻灯片浏览视图或普通视图方式下，单击所需的第一张幻灯片，按住 Shift 键单击最后一张幻灯片。

③选择不连续的多张幻灯片：在幻灯片浏览视图或普通视图方式下，按住 Ctrl 键单击所需幻灯片。

（2）插入和删除幻灯片

①插入幻灯片：在幻灯片浏览视图或普通视图的功能选项卡区域首先选择

某一张或多张幻灯片，再选择"开始"→"新建幻灯片"→"复制所选幻灯片"命令，将所选的幻灯片复制到插入点位置即可。

②删除幻灯片：在幻灯片浏览视图或普通视图的功能选项卡区域选择要删除的幻灯片，按 Delete 键即可。

（3）复制和移动幻灯片

①复制幻灯片：在幻灯片浏览视图或普通视图的功能选项卡区域选择要复制的幻灯片，单击"开始"功能选项卡中的"复制"按钮；确定插入点，然后再单击"开始"功能选项卡中的"粘贴"按钮，或按住 Ctrl 键拖动至目标位置，即可完成幻灯片的复制。

②移动幻灯片：在幻灯片浏览视图或普通视图的功能选项卡区域选择要移动的幻灯片，单击"开始"功能选项卡中的"剪切"按钮；确定插入点，然后再单击"开始"功能选项卡中的"粘贴"按钮，或拖动鼠标将其移动至目标位置，即可完成幻灯片的移动。

（4）更改背景

可以根据自己的需要更改幻灯片的背景颜色及图案。

单击"设计"功能选项卡中的"设计背景格式"按钮，在幻灯片窗格右边会出现"设置背景格式"面板，这时，可以选择一种背景填充方式，具体操作与 Word 文档一致。

选择所需背景时，背景设置默认只应用于当前幻灯片。若单击下方的"全部应用"按钮，则背景设置应用于整个演示文稿。

（5）更改幻灯片主题样式

PowerPoint 2019 主题包括预先设置好的颜色、字体、背景和效果等，可以作为一套独立的方案应用于演示文稿中。我们可以利用 PowerPoint 2019 提供的主题样式改变演示文稿的现有主题格式。

在"设计"功能选项卡的"主题"工具组中单击一种主题，即可更改当前演示文稿的主题格式。可以通过"变体"工具组更改某种主题背景。

6. 编辑幻灯片母版

（1）幻灯片母版

幻灯片母版是存储有关设计模板信息的幻灯片。幻灯片母版中的信息包括字形、占位符大小和位置、背景设计和配色方案等。通过更改这些信息，就可以更改整个演示文稿的外观。

选择"视图"→"母版视图"→"幻灯片母版"命令，打开幻灯片母版视图，可以设置母版的字形、占位符大小和位置、背景设计和配色方案，也可以输入图形、图片等内容。设置完毕单击"关闭母版视图"按钮，完成母版设计。

（2）讲义母版

选择"视图"→"母版视图"→"讲义母版"命令，对讲义母版进行操作。讲义母版是为制作讲义而准备的，通常需要打印输出，因此，讲义母版的设置大多和打印页面有关。它允许设置一页讲义中包含几张幻灯片，设置页眉、页脚、页码等基本信息，在讲义母版中插入新的对象或者更改版式时，新的页面效果不会反映在其他母版视图中。

（3）备注母版

选择"视图"→"母版视图"→"备注母版"命令，对备注母版进行操作。备注母版主要用来设置幻灯片的备注格式，一般也用来打印输出，所以其设置大多和打印页面有关。

任务 2　编辑五四精神主题班会 PPT 内容

【任务学习目标】

知识目标：掌握演示文稿中内容的编辑，包括文本框、图形、视频等的基本操作，了解使用 SmartArt 的各种功能和 PPT 中的各种版式，对演示文稿的内容进行有效合理的组织。

能力目标：培养学生的信息的组织能力、逻辑分析能力以及形象表达能力。

素养目标：通过纪念五四运动、弘扬五四精神演示文稿内容的组织与编辑，培养青年大学生的五四精神和爱国情怀，帮助当代大学生树立正确的人生观、价值观。

【任务要求】

PPT 的魅力在于能够以简明的方式传达观点和支持演讲者的评论，最有效的 PPT 内容不要过于复杂，只需要易于反应演讲内容的图形、图片、图表和精练的文字等信息即可。

【任务分析】

制作演示文稿要确定该演示文稿的主要内容，准备幻灯片所需要的文字、图片以及视频音频材料，构思演示文稿的基本架构，然后将文本、图片、音频、视频等对象插入相应的幻灯片中，并对文本、图片等内容进行修饰与美化。

【任务实施步骤】

1. 设计标题幻灯片

①在"开始"功能选项卡下单击"新建幻灯片"的下拉三角按钮，选择"标题幻灯片"。

②编辑标题文字"以青春之我创青春中国"，设置标题字体为微软雅黑、66 号、深红色、加粗；再选择"绘图工具"→"格式"命令。在"艺术字样式"工具组中，选择白色"文本轮廓"，文本效果设为"发光"，颜色设为"白色"，大小设为"8 磅"，透明度设为"0"。

③添加副标题"纪念五四运动弘扬五四精神主题班会"，设置字体为"华文楷体、28 号、深红色、加粗"。

④绘制一个圆角矩形，填充"深红色"，选择"无形状轮廓"，编辑文字"汇报人：××"，设置文字字体为"微软雅黑、20 号、白色、加粗"。

⑤插入素材图片"logo.png"，适当调整图片的大小和位置。

2. 设计目录幻灯片

①在"开始"功能选项卡下单击"新建幻灯片"的下拉三角按钮，选择"目录幻灯片"。

②插入文本框，输入文字"目录"，使用格式刷工具复制标题幻灯片中的总标题文字，使"目录"这两个字的字体与总标题字体一样。

③绘制一个边长为 2 厘米的正方形，形状填充与轮廓皆为深红色，编辑形状上的文字为"1"。绘制一个高为 2 厘米、宽为 12 厘米的矩形，形状无填充，轮廓为深红色，编辑形状上的文字为"五四运动 & 五四精神"。选中这两个形状，在"绘图工具"→"格式"→"排列"工具组下选择"组合"命令，将图形进行组合。

④选中该组合图形，复制并粘贴出 3 个一样的图形，并将它们调整到合适的位置。

3. 设计节标题幻灯片

①在"开始"功能选项卡下单击"新建幻灯片"的下拉三角按钮，选择"节标题幻灯片"。

②插入节标题文字"五四运动 & 五四精神"，设置为微软雅黑、44 号、深红、加粗字体，文本效果设置为"阴影"→"外部"→"偏移右下"。

③插入文字"第一部分"，设置字体为"黑体、32 号、加粗、阴影"。

④复制并粘贴出 3 个同样的节标题幻灯片，修改文字分别与 4 个目录对应。

4. 编辑第 4 张幻灯片，也是第 1 张内容幻灯片

①在节标题为第 1 部分的幻灯片下新建 1 张版式为"仅标题"的幻灯片。

②编辑本幻灯片标题文字为"五四运动 & 五四精神"。

③编辑文字"五四运动是哪一年爆发的？"，字体为"微软雅黑、24 号、白色、加粗"。

④插入 2 条直线和 3 个星形，调整其大小和位置。

⑤插入文本框，编辑文字，设置字体为"黑色、微软雅黑、22 号"，文本框的边框为"深红色"。

⑥在文档右侧插入图片素材"wusi.jpg"，设置图片样式为"圆形对角，白色"。

5. 创建并编辑第 5 张幻灯片

①继续插入一张版式为"仅标题"的幻灯片，标题文字依然为"五四运动 & 五四精神"。

②复制上一张图片中的形状，修改文字为"什么是五四精神"。

③插入视频素材"五四运动 .mp4"，调整视频的大小和位置。在"视频工具"→"播放"→"视频"工具组中设置视频开始播放为"单击时"，选择"全屏播放"选项。

6. 创建并编辑第 7 张幻灯片

①在节标题为第 2 部分的幻灯片下新建一张版式为"仅标题"的幻灯片。

②编辑本幻灯片标题文字为"五四精神的内涵"。

③编辑文字为"五四精神的内涵"，字体设置为"微软雅黑、24 号、白色、加粗"。

④插入 SmartArt 图形，选择"矩形"→"基本矩形"，更改颜色模式为"优雅"。选中该图形后面的菱形，设置其填充颜色为"深红色"。编辑文本，设置字体为"微软雅黑、36 号、加粗、白色"。

7. 创建并编辑第 8 张幻灯片

①继续插入一张版式为"仅标题"的幻灯片，标题文字依然为"五四精神的时代价值"。

②复制上一张图片中的形状，修改文字为"五四精神的时代价值"。

③绘制一个 5 厘米高、9 厘米宽的圆角矩形，设置形状为"无轮廓"。打开设置形状格式面板，设置填充为"渐变填充"，类型为"线性"，方向为"线

性对角左上右下"，角度为"45°"，渐变光圈设置为"白色到粉红色的渐变"；设置阴影，颜色为"粉红色"，透明度为"60%"，大小为"100"，模糊为"4磅"，角度为225°，距离为"3磅"。将该矩形复制出一个，设置渐变填充方向为"线性对角右上到左下"，阴影角度设置成"315°"；再复制出一个矩形，设置渐变填充方向为"线性对角右下到左上"，阴影角度设置成45°；继续复制一个矩形，设置渐变填充方向为"线性对角左下到右上"，阴影角度设置成"135°"。调整4个图形的位置并编辑形状上的文字。

④在中间绘制一个直径为10厘米的圆形，填充颜色为"粉红色"，透明度为"40%"；继续绘制一个直径为9厘米的圆形，填充颜色为"深红色"，透明度为"76%"。

⑤绘制一个8厘米宽、4厘米高的矩形，再绘制一个直径为8厘米的圆形，调整两个形状的位置。按住Ctrl键的同时选中两个图形，在"绘图工具"→"格式"面板→"插入形状"工具组中单击"合并形状"的下拉小三角按钮，选择"相交"命令，构成一个扇形。参考第③步中的填充效果为该扇形填充渐变色，并复制出3个扇形并分别修改颜色。

⑥再绘制一个直径为7.5厘米的圆形，填充为"白色"，透明度为"66%"。移动到中间。继续绘制一个直径为3厘米的圆形，填充颜色为"深红色"，选择渐变填充，选择"三维格式"→"顶部棱台"→"圆形"命令绘制圆形，宽度和高度都设置为"30磅"。在该圆形上编辑文字"五四精神"，设置其字体为"微软雅黑、18号、白色、加粗"，把从第④步到第⑥步绘制的图形全部选中并组合成一个图形。

⑦分别插入4组文本框，编辑文本为"爱国""进步""民主""科学"，字体设置为"微软雅黑、32号、白色、加粗"，并分别调整到合适的位置。

8. 创建并编辑第10张幻灯片

①在节标题为第3部分的后面插入一张版式为"仅标题"的幻灯片，标题文字为"新时代青年的历史使命"。

②插入图片素材"people.jpg"，设置图片样式为"映像棱台，白色"。

③插入SmartArt图形，选择垂直项目符号列表，编辑文字，SmartArt样式选择"强烈"效果，选择每一个图形，设置形状填充为"深红色"。

9. 创建并编辑第12张幻灯片

①在节标题为第4部分的后面插入一张版式为"仅标题"的幻灯片，标题文字为"做新时代的有为青年"。

②插入准备好的 3 段艺术字，字体为"微软雅黑、24 号、深红色"。

③继续插入 3 张素材图片，根据自己的喜好调整图片样式，并适当旋转图片角度。

10. 创建并编辑最后一张幻灯片

①新建版式为节标题幻灯片。

②插入准备好的艺术字，字体为"微软雅黑、80 号、深红色、加粗"。设置艺术字样式的文本效果为"映像"到"半映像""接触"。

【相关知识】

下面介绍演示文稿内容的编辑。

（1）编辑文本

文本是幻灯片中最基本的元素，任何说明都离不开文字。在幻灯片中添加文本主要有两种方法：在占位符中输入文本和利用文本框输入文本。

①在占位符中输入文本。新建一张幻灯片时，页面中会出现占位符。占位符是一种带有虚线边缘的框，在框内可以输入标题、正文、图表、图片、音频、视频等对象。在占位符中单击，里面原有的提示文本消失，随即出现闪烁的光标，等待输入文字。当文本输入后，将鼠标在文本框外的任何位置单击即可完成文本输入。此时可以发现，输入的文本与之前占位符文字的格式和排列是一致的。

②利用文本框输入文本。插入文本框即可输入文本。对于幻灯片中文本的格式化、修改和编辑等操作，方法与 Word 中的操作类似。

（2）插入表格

在内容占位符中单击"插入表格"图标，或在"插入"功能选项卡中单击"插入表格"按钮，然后在"插入表格"对话框中输入需要的列数和行数，单击"确定"按钮，即可插入表格。

（3）插入图表

根据数据创建合适的图表，表现形式更加直观生动，可以丰富演示文稿的演示效果。在内容占位符中单击"插入图表"图标，或在"插入"功能选项卡中单击"插入图表"按钮，选择一种图表类型后，进入界面，图表的数据来源基于 Excel 中的数据清单。

（4）插入 SmartArt 图形

SmartArt 图形是一系列已经成型的表示某种关系的逻辑图和组织结构图。可以从多种布局中选择，它包含列表、流程、循环、层次结构、关系、矩阵、棱形图等类型，利用这些图形可以快速、轻松、有效地传达信息。

在内容占位符中单击"插入 SmartArt 图形"图标，或在"插入"功能选项卡中单击"插入 SmartArt 图形"按钮，弹出"选择 SmartArt 图形"对话框，利用"选择 SmartArt 图形"提供的各种类型和向导来创建 SmartArt 图形。

（5）插入图片

在内容占位符中单击"图片"图标，或在"插入"功能选项卡中单击"图片"按钮，弹出"插入图片"对话框，找到所需要的图片文件，单击即可插入图片。

（6）插入联机图片

在内容占位符中单击"联机图片"图标，或在"插入"功能选项卡中单击"联机图片"按钮，弹出"联机图片"任务窗格。

（7）插入多媒体信息

多媒体技术是一种把文本、图形、图像、动画和声音等多种信息类型综合在一起，并通过计算机进行综合处理和控制，能支持完成一系列交互式操作的信息技术。多媒体信息以文件的形式存放在存储介质上，一般包括图形、图像、动画和声音等。

（8）插入页眉和页脚

单击"插入"功能选项卡中的"页眉和页脚"按钮，弹出"页眉和页脚"对话框，选择"幻灯片"选项卡。选择适当的复选框，可以确定是否在幻灯片的下方添加日期和时间、幻灯片编号、页脚等。设置完毕，若单击"全部应用"按钮，则所做的设置将应用于所有幻灯片；若单击"应用"按钮，则所做的设置仅应用于当前幻灯片；若选择"标题幻灯片中不显示"选项，则所有设置将不用于第 1 张幻灯片。

如果在该对话框中选择"备注和讲义"选项卡，则可以设置备注和讲义的页眉和页脚、日期和时间、幻灯片编号等，设置方法与"幻灯片"选项卡的设置方法类似。

（9）插入其他演示文稿中的幻灯片

若要将其他演示文稿中的幻灯片插入当前演示文稿中，在当前演示文稿中选择某张幻灯片为当前幻灯片，选择"开始"→"新建幻灯片"→"重用幻灯片"命令，弹出"重用幻灯片"任务窗格。单击"浏览"按钮，找到所需要的演示文稿并将其打开。然后单击要插入的幻灯片，或右击要插入的幻灯片并选择"插入幻灯片"命令，该幻灯片就被插入当前幻灯片后面；若选择"插入所有幻灯片"命令，则可将所选演示文稿的幻灯片全部插入当前幻灯片的后面。

任务3　设计五四精神主题班会 PPT 动画和交互

【任务学习目标】

知识目标：掌握文本、图片、音频或视频等元素的动画设置和幻灯片的切换效果与交互功能设置。

能力目标：了解动画制作方式，使学生感受 PowerPoint 软件强大的展示功能，认识到 PowerPoint 的便利性和良好的操作性，从而激发学生的学习热情、求知欲望和创新精神。

素养目标：通过纪念五四运动弘扬五四精神演示文稿内容的组织与编辑，培养学生的信息组织与处理能力、欣赏水平和审美能力、合作与表达能力，培养青年大学生的五四精神和爱国情怀，帮助当代大学生树立正确的人生观、价值观。

【任务要求】

幻灯片的动画效果包括内容的进入、强调和退出的效果，动画的设计要醒目自然，在演示文稿中使用动画多少要适当，要结合该幻灯片要传达的意思来使用动画，并且使用动画的时候要有一定的创意；幻灯片之间的切换效果可以全部一样，也可以根据展示内容的不同选择不同的切换方式；同时幻灯片中适当的交互功能也是必不可少的。

【任务分析】

本节前两个任务中制作的演示文稿是静态的，不够生动丰富。为了让幻灯片播放起来更生动形象，可以使用 PowerPoint 的"自定义动画"以及"幻灯片切换"功能来设置演示文稿的播放效果。幻灯片不仅仅是自动播放的，很多情况下是作为演讲者的一个辅助工具的，演讲者有可能需要随时调整播放顺序，也有可能需要引用别的素材，这就要用超链接来设置幻灯片的交互功能。我们可以给演示文稿添加一个目录页面，给目录页面设置超链接，方便演示文稿播放时调整顺序；也可以在内容页面添加图片、动作等设置页面的跳转，方便演讲者的控制。

【任务实施步骤】

1. 为标题幻灯片设置动画

①打开"动画"功能选项卡，在"高级动画"工具组中单击"动画窗格"按钮，打开"动画窗格"面板。

②为 logo 图片添加形状动画，开始时间为上一动画之后，持续 2 秒，延迟 0.5 秒。

③为总标题添加轮子动画，开始时间为上一动画之后，持续 2 秒，延迟 1 秒。

④为副标题添加淡化动画，开始时间为上一动画之后，持续 1 秒，延迟 2 秒。

⑤为汇报人添加浮入动画，开始时间为上一动画之后，持续 1 秒，延迟 2 秒。

2. 为目录幻灯片设置动画

①为"目录"添加淡化动画，开始时间为上一动画之后，持续 1 秒，延迟 1 秒。

②为 4 个目录添加浮入动画，开始时间为上一动画之后，持续 1 秒，延迟 1 秒。

3. 为第 3、6、9、11 张子标题幻灯片设置动画

①为子标题添加轮子动画，开始时间为上一动画之后，持续 2 秒，延迟 1 秒。

②为黑色文字添加出现动画，开始时间为上一动画之后，持续 1 秒，延迟 1 秒。

③可以使用"动画"→"高级动画"工具组中的"动画刷"工具为第 6、9、11 张幻灯片设置同样的动画。

4. 为第 4 张幻灯片设置动画

①为绘制的形状添加淡化动画，开始时间为上一动画之后，持续 1 秒，延迟 0.5 秒。为 3 个星形组合形状添加出现动画，开始时间为与上一动画同时，持续 1 秒，延迟 0.5 秒。

②为文本内容添加形状动画，效果选项为"缩小"，开始时间为上一动画之后，持续 2 秒，延迟 1 秒。

③为五四运动图片添加形状动画，效果选项为"放大"，开始时间为上一动画之后，持续 2 秒，延迟 1 秒。

5. 为第 5 张幻灯片设置动画

①为绘制的形状添加淡化动画，开始时间为上一动画之后，持续 1 秒，延迟 0.5 秒。

②为视频添加飞入动画，开始时间为上一动画之后，持续 1 秒，延迟 1 秒。设置播放为单击时全屏播放。

6. 为第 7 张幻灯片设置动画

①为绘制的形状添加淡化动画，开始时间为上一动画之后，持续 1 秒，延迟 0.5 秒。

②为 SmartArt 图形添加形状动画，效果选项选择"放大""圆""逐个"，开始时间为上一动画之后，持续 1 秒，延迟 0.75 秒。

7. 为第 8 张幻灯片设置动画

①为绘制的形状添加淡化动画，开始时间为上一动画之后，持续 1 秒，延迟 0.5 秒。

②为组合图形添加轮子动画，开始时间为上一动画之后，持续 1 秒，延迟 0.75 秒。

③分别为 4 个圆角矩形添加形状动画，持续 1 秒，延迟 1 秒。

8. 为第 10 张幻灯片设置动画

①为图片添加随机线条动画，开始时间为上一动画之后，持续 1 秒，延迟 1 秒。

②为 SmartArt 图形添加浮入动画，开始时间为上一动画之后，持续 1 秒，延迟 1 秒。

9. 为第 12 张幻灯片设置动画

①选中该幻灯片中的艺术字"培养担当民族复兴大任的时代新人"，为其添加翻转式由远及近动画，开始时间为上一动画之后，持续 2 秒，延迟 1 秒；继续单击"动画"→"高级动画"工具组中的"添加动画"按钮，选择"强调"选项区中的"放大/缩小"选项，开始时间为上一动画之后，持续 2 秒，延迟 1 秒；继续单击"高级动画"工具组中的"添加动画"按钮，选择"退出"选项区中的"收缩并旋转"选项，开始时间为上一动画之后，持续 1.5 秒，延迟 1 秒。

②分别为其他两个艺术字设置进入、强调和退出动画。

③为最底下的图片添加翻转式由远及近动画，开始时间为上一动画之后，持续 2 秒，延迟 0.5 秒；继续单击"高级动画"工具组中的"添加动画"按钮，选择"退出"选项区中的"随机线条"选项，开始时间为上一动画之后，持续 1 秒，延迟 1 秒。

④为第 1 张图片添加旋转动画，开始时间为上一动画之后，持续 2 秒，延迟 0.5 秒；继续单击"高级动画"工具组中的"添加动画"按钮，选择"退出"选项区中的"随机线条"选项，开始时间为上一动画之后，持续 1 秒，延迟 1 秒。

⑤为最后一张图片添加翻转式由远及近动画，开始时间为上一动画之后，持续 2 秒，延迟 0.5 秒。

10. 为第 13 张幻灯片设置动画

为艺术字添加旋转动画，开始时间为上一动画之后，持续 2 秒，延迟 0.5 秒；继续单击"高级动画"工具组中的"添加动画"按钮，选择"强调"选项区中的"变淡"选项，开始时间为上一动画之后，持续 2 秒，延迟 1 秒。

11. 设置幻灯片切换效果

幻灯片切换效果为帘式，持续时间 2 秒，换片方式为单击鼠标时应用于全部幻灯片。

12. 添加超链接及返回的形状

可以选择为目录幻灯片中的内容添加超链接，链接到相应的子标题页面；同时在每一部分结束的页面添加一个返回的形状，设置该形状的超链接返回到目录页。

13. 排练幻灯片放映时间

设置幻灯片放映方式为循环放映，按 Esc 键终止。

14. 打包文件

用相关命令对幻灯片打包。

【相关知识】

1. 设置对象的动画效果

动画效果是指在幻灯片的放映过程中，幻灯片上的各种对象以一定次序及方式进入画面中产生的动态效果。PowerPoint 2019 可以将演示文稿中的文本、图片、SmartArt 图形等各种对象设置成动画，赋予它们进入、退出、大小或颜色变化等视觉效果。

PowerPoint 2019 提供了 4 种不同类型的动画效果：进入效果、强调效果、退出效果和动作路径。

（1）设置"进入""强调"和"退出"动画效果

在设置幻灯片的动画效果时，最好打开动画窗格，以便于对动画设置进行编辑。

"进入"效果设置方法。先在幻灯片中选中要设置动画效果的某一对象，再单击"动画"功能选项卡的"添加动画"按钮，打开"添加动画"列表区。在"进入"选项区可选择所需要的进入效果；若本区域没有所需的进入效果，可选择"更多进入效果"命令，进入"更多进入效果"选项区，该选项区包括"基本""细微""温和"以及"华丽"4种特色动画效果。例如，可选择"百叶窗""飞入""缩放""回旋"等。用类似的方法还可以为动画片中的对象设置"强调效果"和"退出效果"。

（2）设置"动作路径"效果

"动作路径"是根据形状或者直线、曲线的路径来展示对象运行的路径，使用这些效果可以使对象上下移动、左右移动或者沿着星形或圆形图案移动。

"动作路径"的设置方法。先在幻灯片中选择要设置"动作路径"的对象，再单击"动画"功能选项卡中的"添加动画"按钮，打开"添加动画"列表区。在"动作路径"选项区可选择所需要的动作路径效果；若本区域没有所需的动作路径效果，可选择"其他动作路径"命令进入"其他动作路径"选项区，该选项区同样包括"基本""细微""温和"以及"华丽"4种特色路径效果（部分效果拖动卷滚条才可看到）。

一个对象可以有多个动画效果，它们会按动画效果设置的先后顺序安排播放次序。

2. 设置幻灯片的切换效果

在演示文稿的播放过程中，从一张幻灯片移到下一张幻灯片时，幻灯片切换功能为幻灯片放映添加更多的视觉效果。我们可以控制其切换效果的速度，添加声音，还可以对切换效果的属性进行自定义。我们可以为选定的一张幻灯片设置切换效果，也可以对选定的一组幻灯片设置相同的切换效果。

幻灯片添加切换效果的方法：首先选定要设置切换效果的幻灯片，然后打开"切换"功能选项卡，在"切换到此幻灯片"工具组中单击要应用于该幻灯片的切换效果；若当前没有理想的切换效果，可单击该组右侧的下拉按钮，弹出其他切换效果，从中选择一项即可。切换效果分为三大类：细微、华丽、动态内容。

我们可以同时为幻灯片的切换效果设计计时功能，包括切换时的声音效果、持续时间、是否应用到全部幻灯片，以及换片方式。

3. 设置超链接

为演示文稿中的对象创建超链接后，在演示文稿放映过程中，当鼠标光标移到该对象时将出现超链接标志，单击该对象则激活超链接，跳转到超链接设置的对象。

插入超链接的方法：首先在幻灯片中确定一个插入点，或选定一个对象，然后在"插入"功能选项卡中单击"超链接"按钮，弹出"插入超链接"对话框。在对话框中选中要链接的对象，单击"确定"按钮，完成设置。

4.演示文稿的放映控制

（1）动作设置

动作设置是指对某一个对象单击或移动鼠标时完成的指定动作。PowerPoint中有两类动作：一类是单击时完成的动作；另一类是移动鼠标时完成的动作。设置方法：先选中对象（动作按钮、图片、图形等），再单击"插入"功能选项卡中的"动作"按钮，弹出"操作设置"对话框，在对话框中完成动作设置。

（2）排练计时

排练计时是按计划速度将幻灯片放映一遍。设置方法为打开演示文稿，单击"幻灯片放映"功能选项卡中的"排练计时"按钮，进入放映视图，在视图左上角出现一个"录制"计时工具框，记录当前幻灯片的放映时间，当换到下一张幻灯片时，时间又从零开始记录，直到演示文稿末尾时，弹出对话框。若单击"是"按钮，接受排练时间；若单击"否"按钮，则不接受排练时间。

设置排练时间后，演示文稿在放映过程中若没有单击，就按照排练时间放映。

（3）自定义放映

自定义放映方式是指在演示文稿中创建子演示文稿。我们可以使用自定义放映功能在现存的演示文稿中创建子演示文稿，即把演示文稿分成几部分，将演示文稿的某一部分演示给某些观众看，另一部分播放给其他观众看，设置步骤如下：

①单击"幻灯片放映"功能选项卡"开始放映幻灯片"工具组中的"自定义幻灯片放映"按钮，在下拉列表中选择"自定义放映"命令，弹出"自定义放映"对话框。

②单击"新建"按钮，弹出"定义自定义放映"对话框。

③在"幻灯片放映名称"文本框中系统自动将名称设置为"自定义放映1"，用户也可以根据需要重新设置一个新名称。

④在"在演示文稿中的幻灯片"列表框中选定所需的幻灯片，再单击"添加"按钮，该幻灯片就出现在右边的"在自定义放映中的幻灯片"列表框中。

⑤重复步骤④，直到将所有需要的幻灯片依次加入"在自定义放映中的幻灯片"列表框中为止。

⑥如果要从"在自定义放映中的幻灯片"列表框中删除某一幻灯片，可以选择要删除的幻灯片，然后单击"删除"按钮即可。

⑦如果要改变自定义幻灯片的播放次序，可在"在自定义放映中的幻灯片"列表框内选定幻灯片，然后用右边的上下移动按钮在列表中作上、下移动。

⑧选择完需要的幻灯片后，单击"确定"按钮，返回"自定义放映"对话框。此时，若要重新编辑该自定义放映，可单击"编辑"按钮；若要观看放映，可单击"放映"按钮；若要取消该自定义放映，可单击"删除"按钮。

（4）录制幻灯片演示

PowerPoint 2019可以录制幻灯片演示，在录制演示过程中还可以录制旁白，这一功能对展台上自动展示的演示文稿特别有用，可以在产品演示的过程中播放产品介绍，具体方法如下：

①选择"幻灯片放映"→"录制幻灯片演示"命令，根据需要选择从当前幻灯片开始录制还是从头开始录制。

②同时根据需要选择旁边的播放旁白、使用计时等选项，一边控制幻灯片放映，一边通过话筒输入语音旁白，直到放映结束，旁白自动保存。如果要改变旁白中的某些内容，必须先删除整个旁白，再重新录制。演示文稿中每次只能播放一种声音，若已经插入了自动播放的声音，则语音旁白会将其覆盖。

5. 演示文稿的打包与输出

（1）将演示文稿打包成CD

演示文稿打包是指通过PowerPoint的"将演示文稿打包成CD"功能，将演示文稿以及演示所需的其他文件捆绑在一起，并将它们复制到一个文件夹中或直接复制到CD中。这样，即使其他计算机上没有安装PowerPoint 2019，也可以运行打包的演示文稿，其操作步骤如下：

①选择"文件"→"导出"→"将演示文稿打包成CD"命令，选择"打包成CD"命令，弹出"打包成CD"对话框。

②在"将CD命名为"文本框中为CD输入名称，默认为"演示文稿CD"。

③单击"添加"按钮，弹出"添加文件"对话框，从中选择需要打包的演示文稿，加入列表中。若要删除演示文稿，首先选择它，然后单击"删除"按钮。

④若要将列表中的演示文稿打包成文件夹，则单击"复制到文件夹"按钮，然后提供文件夹路径。若要将列表中的演示文稿打包成CD，则需要单击"复制到CD"按钮，此时要保证计算机上已安装了刻录机。

⑤若要播放打包后的演示文稿，则可以打开 CD 或文件夹，双击演示文稿名即可。

（2）演示文稿的打印

①选择"文件"→"打印"命令。

②设置打印范围、打印内容、颜色／灰度和打印份数等。

③设置完毕，单击"打印"按钮即可。

（3）将演示文稿另存为其他类型

选择"文件"中的"保存"命令或者"另存为"命令，可以将创建的演示文稿保存到指定的文件中，一般默认的保存类型是演示文稿（扩展名为 .pptx）；也可根据不同的需要保存为 PDF、JPEG 等其他不同的文件类型，以适应各种不同的工作需要。

项目小结

通过一个纪念五四运动、发扬五四精神主题班会的演示文稿的制作，掌握演示文稿的整体设计思路与基本制作方法：从主题样式的设计，到幻灯片内容的组织编排与美化，再到动画、切换效果的编辑。通过项目实训，使我们巩固了 PowerPoint 软件操作的基本知识，学习到了一些幻灯片中内容处理的新技巧，提升了对实际应用中 PPT 设计的新认识。希望同学们能将所学知识融会贯通，制作出漂亮、精美的演示文稿，有设计基础的同学可以尝试进行演示文稿母版的开发设计。

第五节　项目：多媒体技术应用

项目导读

多媒体技术的发展丰富了计算机的使用领域，使计算机由办公室、实验室中的专用品变成了信息社会的普通工具。多媒体技术极强地渗透进人类生活的各个领域，如游戏、图书、娱乐、艺术、金融交易及通信等。我们已经进入了读图时代和短视频时代，海量的信息以直观生动、多种感官参与体验的方式展现出来，这对以往纯文字的呈现方式造成了较大的冲击，更受到年轻人的偏爱。多媒体技术极大地改变了人们获取信息的传统方式，符合人们在信息时代的阅读方式。

📖 **项目学习目标**

·了解多媒体技术的基础知识，掌握各类多媒体文件格式及特点。

·了解虚拟现实技术及应用。

·掌握图像的裁剪、图像色调和敏感度的调整及文字设计，能对图像作品进行鉴赏。

·掌握短视频的录制和剪辑、配置音乐、添加字幕、设置适当的转场效果，能对短视频作品进行鉴赏和设计。

📖 **项目职业能力要求**

·熟悉多媒体技术的基础知识。

·能够利用 PC 端和移动端多媒体软件进行图像处理与美化，设计制作短视频。

·具有一定的艺术鉴赏能力，能够进行创意和创新设计，对信息进行处理和整合。

·具有一定的文学素养和写作能力，能够用简洁清晰的语言描述任务实施步骤和内容。

·具有良好的自主学习能力，在工作中能够灵活利用互联网查找信息并解决实际问题。

📖 **项目实施**

本项目通过多媒体技术基础知识、工作室照片墙设计两个任务，详细介绍多媒体技术的基础知识以及图像处理、短视频制作的流程和相关操作技巧。

任务1　多媒体技术基础知识

【任务学习目标】

知识目标：掌握多媒体技术的基础知识、各类多媒体文件格式及特点、虚拟现实技术及应用。

能力目标：多媒体技术的应用领域不断拓展，并越来越广泛地渗透于人们的生活和工作中。通过多媒体技术基础知识的学习，提升学生对社会的认知度，从而更好地让学生探索相应的知识点，推动学生思维的创新和发展。

素养目标：使学生感受信息技术的飞速发展带给我们的便利，形成信息化社会的多媒体化思维模式，培养学生了解科技创新发展、树立科技强国的观念。

【相关知识】

1. 多媒体技术的概念

多媒体是多种媒体的综合，包括文本、图形图像、声音、动画、视频剪辑等基本要素。

多媒体技术是计算机交互式综合处理多媒体信息，包括对文本、图形图像和声音等媒体形式的处理，使多种信息建立逻辑连接，集成为一个系统并具有交互性。简言之，多媒体技术就是指具有集成性、实时性和交互性，计算机综合处理声文图信息的技术。多媒体技术也特指能对多种载体上的信息和多种存储体上的信息进行处理的技术。

2. 常见的文本文件格式

（1）纯文本格式

文件的格式可以通过其扩展后缀来判断，常见的纯文本格式文件的拓展名有 txt、htm、asp、bat、c、bas、prg、cmd、log 等。纯文本形式的文件中文字是没有任何文本修饰的，没有粗体、下划线、斜体、图形、符号或特殊字符及特殊打印格式的文本。一般要求使用文本形式的文件时，指的是后缀名是 .txt。TXT 是微软在操作系统上附带的一种文本格式，是最常见的一种文件格式，早在 DOS 时代应用就很多，主要用于保存文本信息，即文字信息。现在的操作系统大多使用记事本等程序保存，大多数软件都可以查看，如记事本、浏览器等。".txt"是包含极少格式信息的文本文件的扩展名，也是最常见的文本扩展名。TXT 格式并没有明确的定义，它通常是指那些能够被系统终端或者简单的文本编辑器接受的格式。任何能读取文字的程序都能读取带有 .txt 扩展名的文件，因此，这种文件是通用的、跨平台的。

（2）富文本格式

与纯文本格式对应的是富文本格式。RTF 是 Rich Text Format 的缩写，意为多文本格式。这是一种类似 DOC 格式的文件，有很好的兼容性，使用 Windows 的"附件"中的"写字板"就能打开并进行编辑。使用"写字板"打开一个 RTF 格式文件时，将看到文件的内容；如果要查看 RTF 格式文件的源代码，只要使用"记事本"将它打开即可。可以像编辑 HTML 文件一样，使用"记事本"来编辑 RTF 格式文件。对普通用户而言，RTF 格式是一个很好的文件格式转换工具，用于在不同应用程序之间进行格式化文本文档的传送。

3. 常见的图像文件格式

（1）GIF 格式

GIF 是 CompuServe（美国的一家互联网服务公司）公司开发的存储 8 位图像的文件格式，支持图像的透明背景，采用无失真压缩技术。GIF 格式自 1987 年被引入后，因其体积小、成像相对清晰，特别适合于初期慢速的互联网而大受欢迎。

（2）JPEG 格式

JPEG 是采用静止图像压缩编码技术的图像文件格式，是目前网络上应用最广的图像格式，支持不同程度的压缩比。

（3）BMP 格式

BMP 最初是 Windows 操作系统的画笔所使用的图像格式，现在已经被多种图形图像处理软件支持。它是位图格式，有单色位图、16 色位图、256 色位图、24 位真彩色位图等。

（4）PSD 格式

PSD 是奥多比（Adobe）公司开发的图像处理软件 Photoshop 所使用的图像格式，它能保留 Photoshop 制作流程中各图层的图像信息。现在越来越多的图像处理软件也开始支持这种文件格式。

（5）FLM 格式

FLM 是 Premiere 输出的一种图像格式。Adobe Premiere 将视频片段输出成序列帧图像，每帧的左下角为时间编码，以 SMPTE（一种时间码概念）时间编码标准显示，右下角为帧编号，可以在 Photoshop 中对其进行处理。

（6）TGA 格式

TGA 文件的结果比较简单，属于一种图形、图像数据的通用格式，在多媒体领域有着很大影响，是计算机生成图像向电视转换的一种首选格式。

（7）TIFF 格式

TIFF 是奥尔德斯（Aldus）和微软公司为扫描仪和台式计算机出版软件开发的图像文件格式。它定义了黑白图像、灰度图像和彩色图像的存储格式，格式可长可短，与操作系统平台及软件无关，扩展性好。

（8）DXF 格式

DXF 是用于 Macintosh Quick Draw 图片的格式。

（9）PCX 格式

PCX 是用于 Macintosh Quick Draw 图片的格式。

（10）EPS 格式

EPS 格式包含矢量图形和位图图形，几乎支持所有的图形和页面排版程序。EPS 格式用于应用程序间传输页面描述语言（PostScript）图稿。在 Photoshop 中打开其他程序创建的包含矢量图形的 EPS 文件时，Photoshop 会对此文件进行栅格化，将矢量图形转化为像素。EPS 格式支持多种颜色模式及剪贴路径，但不支持 Alpha 通道。

4. 常见的音频文件格式

（1）CD 格式

当今音质最好的音频格式是 CD。在大多数播放软件的打开文件类型中都可以看到 .cda 文件，这就是 CD 音轨。标准 CD 格式是 44.1kHz 的采样频率，速率为 88kbit/s，16 位量化位数。CD 音轨近似无损，因此它的声音是非常接近原声的。

（2）WAV 格式

WAV 是微软公司开发的一种声音文件格式，它符合 RIFF 文件规范，用于保存 Windows 平台的音频资源，被 Windows 平台及其应用程序所支持。

（3）MP3 格式

MP3 格式诞生于 20 世纪 80 年代的德国。MP3 指的是 MPEG 标准中的音频部分，是 MPEG 音频层。根据压缩质量和编码处理的不同分为 3 层，分别对应 *.mpl，*.mp2 和 *.mp3 这 3 种声音文件。

（4）MIDI 格式

MIDI 是 Musical Instrument Digital Interface（乐器数字接口）的缩写，它允许数字合成器和其他设备交换数据。MIDI 文件并不是一段录制好的声音，而是先记录声音的信息，然后用声卡再现音乐的一组指令。这样一个 MIDI 文件每存 1min 的音乐只用大约 5～10KB 的存储空间。MIDI 文件主要用于原始乐器作品、流行歌曲的业余表演、游戏音轨以及电子贺卡等。

（5）WMA 格式

WMA 音质要强于 MP3 格式，它和日本雅马哈公司开发的 VQF 格式一样，是以减少数据流量但保持音质的方法来达到比 MP3 压缩率更高的目的的。WMA 的压缩率一般都可以达到 1：18 左右。WMA 这种格式在录制时可以对音质进行调节。同一格式，音质好的可与 CD 媲美，压缩率较高的可用于网络广播。

5. 常见的视频文件格式

（1）AVI 格式

AVI 视频格式可以将视频和音频交织在一起进行同步播放。其优点是图像质量好，可以跨多个平台使用；缺点是体积过于庞大，有传输压力，并且压缩标准不统一，因此经常会遇到高版本 Windows 播放器打不开采用早期编码编辑的 AVI 格式视频，而低版本 Windows 媒体播放器又播放不了采用最新编码编辑的 AVI 视频的情况。

（2）MPEG 格式

MPEG 文件格式是运动图像的压缩算法的国际标准，它采用了有损压缩方法，从而减少了运动图像中的冗余信息。常见的 VCD、SVCD、DVD 就使用这种格式。

（3）DV-AVI 格式

DV-AV 视频格式的文件拓展名一般也是 .avi，所以人们习惯地称它为 DV-AVI 格式。目前非常流行的数码摄像机就是使用这种格式记录视频数据的。

（4）H.264 格式

H.264 是国际标准化组织和国际电信联盟共同提出的继 MPEG4 之后的新一代数字视频压缩格式。H.264 标准的主要目标：与其他现有的视频编码标准相比，在相同的带宽下提供更加优秀的图像质量，在同等图像质量下的压缩效率比以前的标准（MPEG2）提高 2 倍。H.264 在具有高压缩比的同时还拥有高质量流畅的图像，经过 H.264 压缩的视频数据，在网络传输过程中所需要的带宽更少，也更加经济实用。

（5）MOV 格式

MOV 是美国苹果（Apple）公司开发的一种视频格式，默认的播放器是苹果的 QuickTime Player。MOV 格式具有较高的压缩比率和较完美的视频清晰度，其最大的特点是跨平台性，不仅能支持 MacOS，同样也能支持 Windows 系列。

（6）RM 格式

RM 是 Networks 公司所制定的音频、视频压缩规范，称为 Real Media，用户可以使用 Real Player 和 RealOne Player 对符合 Real Media 技术规范的网络音频、视频资源进行实时播放，并且 RealMedia 还可以根据不同的网络传输速率制定出不同的压缩比率，从而实现在低速率的网络上进行影像数据实时传送和播放。用户使用 Real Player 或 RealOne Player 播放器可以在不下载音频视频内容的条件下实现在线播放。

6. 多媒体常用软件

多媒体制作软件包括文字编辑软件、图像处理软件、动画制作软件、音频处理软件、视频处理软件以及多媒体创作软件等。多媒体应用软件的创作工具用来帮助应用开发人员提高开发工作的效率，它们基本上都是一些应用程序生成器，将各种媒体素材按照超文本节点和链结构的形式进行组织，形成多媒体应用系统。

7. 虚拟现实技术

近几年，虚拟现实逐渐活跃在人们的视线中，经常可以看到"VR 体验馆"的身影。淘宝、京东等各大电商平台也经常有 VR 眼镜、VR 头盔的商品宣传和销售。2018 年年初，电影《头号玩家》描绘了未来的虚拟现实世界，更是在全球掀起了一阵 VR 热潮。那么 VR 究竟是什么？它有什么特征和应用呢？

（1）虚拟现实技术概述

虚拟现实（Virtual Reality，VR）是利用计算机系统生成模拟环境，提供给使用者关于视觉、听觉、触觉等感官的模拟，让使用者如同身临其境一般，可以及时、没有限制地观察模拟环境内的事物。VR 技术带给体验者最深刻的特点就是身临其境，使体验者感到作为主角存在于模拟环境中，理想的模拟环境应该达到让人难辨真假的程度。

上面提到的概念描述属于狭义的虚拟现实。广义的虚拟现实除了狭义的 VR 以外，还包括增强现实（简称 AR）和混合现实（简称 MR）。广义的虚拟现实空间既可独立于真实世界之外，也可叠加在真实世界之上，甚至与真实世界融合为一体。

虚拟现实是多种技术的综合，包括实时三维计算机图形技术，广角（宽视野）立体显示技术，对观察者头、眼和手的跟踪技术，以及触觉/力觉反馈、立体声、网络传输、语音输入输出技术等。

（2）虚拟现实技术的特征

1993 年，美国科学家布尔达和菲利普·查塞特提出虚拟现实技术特征三角形，即 3I 特征：Immersion（沉浸性）、Interaction（交互性）、Imagination（构想性）。

沉浸性是指利用计算机产生的三维立体图像，让人置身于一种虚拟环境中，就像在真实的客观世界中一样，能给人一种身临其境的感觉。

交互性是指在计算机生成的这种虚拟环境中，人们可以利用一些传感设备进行交互，感觉就像是在真实客观世界中一样，如当用户用手去抓取虚拟环境中的物体时，手就有握东西的感觉，而且可以感觉到物体的重量。

构想性是指虚拟环境可使用户沉浸其中并且获取新的知识，提高感性和理性认识，从而使用户深化概念和萌发新的联想。虚拟现实可以启发人的创造性思维。

（3）虚拟现实技术的应用

现阶段的虚拟现实设备更多的是作为"游戏外设"被大家所认知，但这并不意味着虚拟现实除了游戏之外就别无用处了，相反，该技术已经在许多行业和领域中得到应用，甚至已经在深刻影响和改变着各个行业的格局。

①虚拟现实技术在医疗健康领域的应用。据不完全统计，80%的手术失误是人为因素引起的，因此手术观摩和手术训练极其重要。未来的手术医生在真正走向手术台之前，需要进行大量的临床观摩和精细的手术实操训练。学生通过虚拟现实眼镜，可以全方位看到主刀医生的神态、动作和表情。另外，虚拟现实技术可以模拟出手术室环境和人体模型，为学习者提供理想且安全的手术训练平台。

②虚拟现实技术在娱乐业的应用。首先，日常生活中许多人都在体验这一"福利"，3D影院随处可见，人们在看电影的过程中经历了身临其境的体验。其次，VR眼镜也走入人们的生活，随时随地便可以有私人影院般的体验。话剧、音乐剧、舞会、晚会等也逐渐应用虚拟现实技术，为屏幕前的观众带来身临其境的震撼感官体验。

③虚拟现实技术应用于教育技术领域。利用虚拟现实技术建立起来的实训基地，其"设备"与"部件"多是虚拟的，可以根据教学需求随时生成新的设备。教学内容可以不断更新，使技能训练及时跟上技术的发展。教学技能、体育技能、飞机驾驶技能、汽车驾驶技能、电器维修技能等各种职业技能的训练，由于虚拟的训练系统无任何危险，学生可以不厌其烦地反复练习，直至掌握操作技能为止。

④虚拟现实技术在房地产领域的应用。VR在房地产领域的应用涉及城市空间、景观、住宅地产、室内设计等全场景的展现。在房地产开发中的应用主要体现在建筑规划设计阶段、建筑主体和装饰施工阶段。VR技术为房地产公司规划设计、确定施工方案、规避投资风险起到了重要的作用。

（4）典型的虚拟现实产品和APP认知

①Oculus Rift。Oculus Rift是一款为电子游戏设计的头戴式显示器。它将虚拟现实接入游戏中，使得玩家们能够身临其境，对游戏的沉浸感大幅提升。

傲库路思（Oculus）公司（已被脸书公司于2014年收购）已经将Rift应

用到更为广泛的领域，包括观光、电影、医药、建筑、空间探索以及战场上。Oculus Rift 套装里包含了一台 Oculus Rift 头戴式显示设备（简称头显）、一个 Oculus Remote（远视眼）、一个位置追踪摄像头以及一个 Xbox One 手柄，唯独没有控制器。

②HTC Vive。HTC Vive 是由宏达国际电子股份有限公司（HTC）和维尔福集团公司（Valve）联合开发的一款虚拟现实头戴式显示器，于 2015 年 3 月发布。HTC Vive 通过以下三个部分致力于给使用者提供沉浸式体验：一个头戴式显示器，两个单手持控制器，一个能于空间内同时追踪显示器与控制器的定位系统。

③Sony Play Station VR。Sony Play Station VR（简称 PSVR），一面世就面对与脸书公司开发的 Oculus Rift，HTC 和 Valve 联合开发的 HTC Vive 的竞争。PSVR 套装里面包含了头显、耳机以及各种线缆，唯独没有 PS Move（索尼新一代体感设备）控制器。PSVR 依靠摄像头来对玩家进行位置追踪。虽然该产品是提倡坐着玩的 VR 系统，但 PS 摄像机的位置追踪系统也允许玩家在大概 2 米的区域范围内走动。PSVR 在游戏主机 PS4 上运行，因此也主要应用在游戏领域。

（4）Google Cardboard。Google Cardboard 是一个由透镜、磁铁、魔鬼毡以及橡皮筋组合而成，并可折叠的智能手机头戴式显示器，提供虚拟实境体验。谷歌推出的廉价 3D 眼镜将智能手机变成一个虚拟现实的原型设备，受到用户的追捧。

任务 2 工作室照片墙设计

【任务学习目标】

知识目标：掌握图像的裁剪，图像色调和敏感度的调整，图像文字设计，能对图像作品进行鉴赏。

能力目标：使学生感受图像处理的乐趣，认识到图像处理软件的便利性和良好的操作性，鼓励学生独立思考并挖掘新的元素，从而激发学生的学习热情和创新精神，培养学生的艺术欣赏水平和审美能力，培养学生独立思考、分析问题、解决问题的能力。

素养目标：通过设计照片墙的练习，把新媒体技术和校园活动有效地结合起来，可以对校园文化进行宣传，营造良好的校园文化环境，以加强对学生的美育培养，开拓学生发散性思维，提升创意设计能力。

【任务要求】

学院虚拟现实工作室要美化环境，加强工作室文化建设，计划要在工作室设置照片墙。刘洋同学作为工作室骨干成员承担了照片墙的设计工作，他需要挑选出具有重要意义的图片，然后对每张图片进行美化处理，尽量呈现画面最美好的部分，规避画面瑕疵，然后设计照片墙的整体效果图。

【任务分析】

不论在生活还是在工作中，图片都成了我们讲述故事、传播信息等过程中重要的信息展现形式，图片的质量甚至直接影响到最终信息传达的效力。因此，我们往往在正式使用图片之前对其进行一些适当的处理操作。其具体要求如下：

①画面清晰。

②裁剪尺寸大小适当。

③去掉水印。

④去掉与主题无关的画面。

⑤调整画面亮度和对比度。

⑥调节画面色调。

刘洋同学计划利用 Windows 程序中自带的画图工具完成图像处理工作。

【任务实施步骤】

1. 在 Windows 画图软件中打开待处理的图片

①单击计算机桌面左下角的"开始"按钮，在弹出的"开始"菜单的搜索框中输入"画图"后，程序列表中会自动筛选出画图工具。也可以双击画图工具的图标，打开画图软件。

②单击左上角的下拉菜单并选择"打开"命令，在打开的对话框中确认图片的存储路径，并打开图片。

③还可以通过选择文件打开方式的方法在画图工具中打开待处理的图片：右击目标图片，在打开方式中选择"画图"命令。

2. 自定义快速访问工具栏

快速访问工具栏一般都会放着最常用的命令，用户可以根据自己的需求自定义快速访问工具栏，只需对常用项目进行选中即可。

3. 调整图像大小

（1）依据百分比调节图像大小

单击工具栏中的"重新调整大小"选项，打开调整窗口，将图像放大或缩小为原图像一定的百分比。在调整的过程中若选中了"保持纵横比"选项，新图像的长宽比不会发生变化。

（2）依据像素数值调节图像大小

将图像调整的模式从百分比切换到像素，可以看到当前图片的像素数值。若选中了"保持纵横比"选项，新输入的水平和垂直像素数值将会受到原始长宽比的制约。

像素值是原稿图像被数字化时由计算机赋予的值，其代表了原稿某一小方块的平均亮度信息，或者说是该小方块的平均反射（透射）密度信号。在将数字图像转化为网点图像时，网点面积率（网点百分比）与数字图像的像素值（灰度值）有直接的关系，即网点以其大小表示原稿某一小方块的平均亮度信息。

4. 裁剪照片

①激活工具栏中的"选择"工具，在图片中框选出目标区域，将图片裁剪为方形比例。

②除了上述利用选区进行图片裁剪之外，还可以利用对话框数值进行裁剪。按"Ctrl+E"组合键，出现"映像属性"对话框，这就可进行指定大小的裁剪。

5. 添加文字、形状、线条元素

①单击工具栏中的"颜色选取器"（有点像吸管的样子），获取现有图片中某处的颜色作为文字颜色。单击图片中希望获取颜色值的区域，即可看到画图软件的"颜色1"立即变成鼠标光标指到的区域的颜色。

②当需要添加文字时，首先单击工具栏中的文字工具，然后在图片中确定文字的插入位置，文字设置为"微软雅黑、20、黑色"，将字体位置移动至画面正中央。

③需要添加形状和线条元素时，只需单击相应的形状或者线条图标，选择颜色和线宽数值，单击矩形元素，添加图片边框，轮廓边宽设置为二档宽度，颜色为白色。

6. 保存图片

①单击工具栏左上角的下拉菜单，单击"保存"按钮，原图片文件将会被新的图片覆盖，图片格式和存储位置不发生变化。

②单击"另存为"按钮后，选择图片格式，常用的格式为 PNG、JPEG、BMP 和 GIF 等。

7. 将处理后的各图片设计在一起

要注意排版美观，具有一定的观赏性和艺术感，并呈现照片墙整体效果。

📖 **项目小结**

本项目包括多媒体技术基本知识、工作室照片墙设计两个任务。通过这两个任务，大家了解了多媒体技术对现代生活的影响，以及图片、视频、音频的常见文件格式，并掌握了图像处理的基础操作。希望同学们关注身边的事情，巧妙构思创作作品，以自己的视角记录我们的生活，领悟多媒体技术的魅力。

参考文献

[1] 唐建军，吴燕，涂传清. 大学信息技术基础 [M]. 北京：北京理工大学出版社，2018.

[2] 朱正礼. 大学信息技术基础教程 [M]. 南京：东南大学出版社，2008.

[3] 赵妍，纪怀猛. 大学信息技术基础 [M]. 成都：电子科技大学出版社，2017.

[4] 张问银，赵慧，李洪杰. 大学信息技术 [M]. 济南：山东人民出版社，2016.

[5] 严熙. 大学信息技术教程 [M]. 北京：人民邮电出版社，2018.

[6] 吕月娥，赵慧. 大学信息技术实验教程 [M]. 济南：山东人民出版社，2016.

[7] 何显文，钟琦，尹华. 大学信息技术基础 [M]. 北京：电子工业出版社，2017.

[8] 赵妍，纪怀猛. 大学信息技术基础实训教程 [M]. 成都：电子科技大学出版社，2017.

[9] 张问银，刘霞，赵慧，等. 大学信息技术 [M]. 济南：山东人民出版社，2014.

[10] 褚宁琳. 大学信息技术 [M]. 北京：中国铁道出版社，2014.

[11] 谭娟，龙桂杰. 基于市场营销应用型人才培养的项目化教学模式研究 [J]. 学术论坛，2015，38（4）：177-180.

[12] 钱存阳. 项目化教学培养大学生系统实践能力 [J]. 高等工程教育研究，2015（2）：187-192.

[13] 秦桂英，朱葛俊，朱利华. 翻转课堂教学模式在高职 C# 程序设计课程教学中的实践研究 [J]. 常州信息职业技术学院学报，2015，14（1）：36-40.

[14] 赵静. 项目化教学在高职学生职业核心能力培养中的实践与思考 [J]. 新疆职业教育研究，2014（4）：44-46.

[15] 谭永平，何宏华. 项目化教学模式的基本特征及其实施策略 [J]. 中国职业技术教育，2014（23）：49-52.

[16] 唐明贵，袁婷婷，龚雅莉. 会展策划与管理专业项目化教学体系构建 [J]. 职业时空，2014，10（3）：70-74.

[17] 张波，工艳军. 电子商务专业人才培养中的项目化教学 [J] 计算机教育，2014（5）：72-76.

[18] 明兰，廖建军. 艺术设计专业项目化教学的改革与创新研究 [J]. 中国电力教育，2014（2）：75-76.

[19] 林韧卒，高军. 基于项目化教学视角的高职德育创新探究 [J]. 思想理论教育导刊，2014（2）：100-102.

[20] 张薛梅. 论高职院校项目化教学评价体系的有效构建 [J]. 职业技术教育，2013，34（29）：53-55.

[21] 曾明星，周清平，王晓波，等. 软件工程专业"项目化"教学实施体系的构建 [J]. 实验室研究与探索，2013，32（5）：158-163.

[22] 戴月. 项目化教学中存在的问题及对策研究 [J]. 河北旅游职业学院学报，2012，17（4）：38-40.

[23] 王善勤. 项目化教学实施中存在的问题与对策研究 [J]. 赣南师范学院学报，2012，33（6）：109-112.

[24] 顾准. 对高职项目化教学改革的思考和建议 [J]. 中国成人教育，2011（21）：164-165.

[25] 徐锋. 高职项目化教学模式要素研究 [J]. 职业教育研究，2011（8）：16-18.

[26] 贾春燕，李冬梅. 项目化教学的现状与发展趋势研究：基于 CNKI 检索文献的内容分析 [J]. 科技信息，2010（34）：385.

[27] 雷术海. 基于工作过程的高职英语课程项目化教学研究 [J]. 张家口职业技术学院学报，2009，22（2）：47-50.

[28] 王丹. 可雇佣性能力视角下荷兰中等职业教育的经验及启示 [D]. 大庆：东北石油大学，2019.

[29] 毛世杰. 基于工作过程的中职学校工业机器人方向核心课程开发 [D]. 广州：广东技术师范大学，2019.

[30] 林永辉. 技能竞赛驱动下中职物流实训课程教学模式的构建与应用 [D]. 广州：广东技术师范大学，2019.

［31］张传香．基于超星学习通的项目式教学模式应用研究［D］．南昌：江西农业大学，2019．

［32］郭云瑶．基于"工作室"的高职院校技能型人才培养模式研究：以义乌市 G 职业技术学院为例［D］．金华：浙江师范大学，2019．

［33］姜佳言．核心素养导向下项目学习表现性评价设计与应用研究：以小学信息技术学院为例［D］．海口：海南师范大学，2019．

［34］张亚男．美国 STEM 教师教育实践课程研究［D］．武汉：华中师范大学，2019．

［35］吴冰冰．小学科学教师项目化教学策略的个案研究［D］．石家庄：河北师范大学，2019．

［36］云润．基于职业核心能力培养的中职公共英语项目化教学研究：以海南 H 职业学校为例［D］．天津：天津大学，2018．

［37］吴淑琴．微视频教学网站的应用研究：以实施项目化教学的 Photoshop 课程为例［D］．秦皇岛：河北科技师范学院，2018．

［38］卜晓璇．高职院校网页设计课程项目化教学探索［D］．南京：南京艺术学院，2017．